幸福在哪儿

情感篇

闫洪丰◎编著

求真出版社

图书在版编目（CIP）数据

幸福在哪儿·情感篇／闫洪丰主编. —北京：求真出版社，2014.4
ISBN 978-7-80258-214-9

Ⅰ.①幸…　Ⅱ.①闫…　Ⅲ.①幸福—通俗读物　Ⅳ.①B82-49

中国版本图书馆 CIP 数据核字（2014）第 034712 号

主　编：闫洪丰
副主编：宋　飞
编　写：闫洪丰　宋　飞　唐　婧　吴　翊
顾　问：刘正奎　史占彪　祝卓宏　黄　峥

幸福在哪儿·情感篇

编　　著：闫洪丰
责任编辑：高铭坚
出版发行：求真出版社
社　　址：北京市西城区太平街甲 6 号
邮政编码：100050
印　　刷：北京信彩瑞禾印刷厂
经　　销：新华书店
开　　本：700×1000　1/16
字　　数：200 千字
印　　张：18.5
版　　次：2014 年 10 月第 1 版　2014 年 10 月第 1 次印刷
书　　号：ISBN 978-7-80258-214-9/B·25
定　　价：35.00 元
编辑热线：（010）83190255
销售服务热线：（010）83190297　83190289　83190292

幸福是什么

英国教育理论家欧文曾说:“人类一切努力的目的在于获得幸福。”那么幸福是什么?幸福在哪儿呢?

从定义上讲,幸福是人们在感受外部事物时,带给内心的愉悦、安详、平和、满足的心理状态。简单地说,幸福就是一个人对自己美好生活的一次又一次满足,是与他人、现实无关的内心感受。因此,是否感受到幸福,同等条件下,取决于自己。

工作和情感是人生中最重要的两件事情。工作让我们在社会中产生价值感,情感则让我们和这个世界有了温情。《幸福在哪儿》从工作和情感两个角度,讲述了“幸福”就在我们每天真实的生活中,在我们智慧地处世和感受中。每个人都能从书中的小故事中找到自己或者周围人的影子,体会到幸福的触手可及。

非常喜欢书中的一句话,“幸福是一种能力”。幸福是每个人都能够拥有的,是可以学习的,甚至是可以提升的。我们有理由坚信:一定能让自己幸福。

在《幸福在哪儿》中,作者洪丰用平实的语言,严谨的学术精神,结合最新的心理研究,揭示出生活现象背后的心理含义。洪丰不仅让读者去了解,还引导读者去体验和感受。因此每个小故事后都会有一个精心设计的小练习。读者可在合上书页后,让心慢慢沉淀下来,问问自己,“我是否想改变”,对自己敞开心扉,写出自己心灵深处的故事。这些小练习能够帮助读者重新认识自己,重新认识世界。

一本用心写就的书，值得读者用心去对待。

读洪丰的书，让我想起了加缪，明知世界的寒冰，却要尽力燃烧，努力地做到自己的最好。认识洪丰是2011年底的一次全国职业心理健康促进会上，那时刚从美国回来，还在倒时差，处在昏昏沉沉中。会后，洪丰拉着我一直探讨“如何让更多的人从心理学中获益”、“如何让更多的人感受到幸福”，他的激情、责任感和使命感深深打动了我。

作为心理学研究者，我一直将心理学作为科学来研究，却从未想过推广与普及，甚至惠及每个人。显然，上述两个命题是洪丰的动力源泉，为此他投入了极大的热情与精力。在几年间，他从大学生、青少年、残疾人、公职人员等群体入手，探讨与实践着如何让大家感受到幸福，并时时总结、笔耕不断，最终写出了这套《幸福在哪儿》。而他本人也一直践行着、洋溢着幸福感，并把这种幸福感传递给更多的人。洪丰亲身见证了“幸福是一种能力”。

森村诚一曾说：“幸福越与人共享，它的价值就会越增加。”《幸福在哪儿》是一套充满神奇和魅力的书，洪丰把自己的幸福感写进了书中与大家分享。它不仅增加了读者对世界、对自己、对他人的经验和认识，更重要的是让读者从反思中看到感动的力量，找到滋养心灵的源泉，提升了对幸福的感受力。

人生是一场旅行，让我们满怀希望，智慧前行，认识幸福，体验幸福，感受幸福。就像新生命的诞生一样，在阅读和练习的每一天，都有着惊喜的开始和温暖的结束，充满了阳光和幸福。

宋国萍　博士

陕西师范大学心理学院

目录

Contents

第一章　PART ONE

恋爱准备期

第二章　PART TWO

恋爱进行时

第三章　PART THREE

恋爱急诊室

第四章 PART FOUR

我们结婚吧

第五章 PART FIVE

婚姻保鲜术

第六章 PART SIX

婚姻保卫战

第九章 PART NINE
给孩子安全的港湾（幼儿期）

第十章 PART TEN
还孩子自主的空间（学龄期）

第十一章 PART ELEVEN
伴孩子探索中成长（青春期）

PART ONE 第一章

恋爱准备期

好男人和好女人都在哪里?

众里寻他千百度，蓦然回首，那人却在灯火阑珊处。

——辛弃疾

小故事

陈羲是公司白领，高高帅帅的他谈过几次恋爱。他认为“好女人是一所好学校”，可寻遍了几所“学校”仍然没有找到梦想中的“好学校”。陈羲身边也不乏好女人，但是这些单身好女人却也都在感叹：“好男人都去了哪里？为什么没让我遇着一个呢？”

心理分析

虽然我们对异地恋、网恋早已司空见惯，世界也变成一个越来越小的地球村，但其实大多数人的结婚对象却来自距离自己很近的地方。社会心理学家把这种现象称为“居所临近性”，它表明丘比特的羽箭射程其实很短。

美国的一项研究表明，普通人的配偶和自己住所的平均距离只有5个街区。除非你宅在家不出门，否则你在不远处就能遇到命中天子。他/她也许正在公园遛狗，也许正在书店阅读，也许正在饭店吃饭，也许正在公交车站等车。他/她和你一样，也在等待着好女人/好男人的出现，也在寻找着身边的好女人/好男人。如果公司的微信一经推出，就受到年轻男女热捧，因为它有一个重要的交友功能，就是“查找附近的人”。缘分其实和距离有关。

但是在这个崇尚“白富美”、“高帅富”的年代，究竟好男人/好女人的标准是什么？人们对于“好”的标准众说纷纭。古人认为“三从四德”是好女人，现在人认为“三从四得”是好男人，即跟从、听从、随从，生日要记得、生气要忍得、花钱要舍得、迟到要等得。

而在心理学上，“好”的标准就是匹配。心理学有一个著名的人际关系理论，即“人都喜欢和自己相似的人”。所以，要找到好男人/好女人，首先自己要是一个同样标准的好女人/好男人。也许你要找的是“白富美”，那么你要先把自己变成“高帅富”；如果你要找的是稳重谦和的男人，那么你先做一个温柔谦虚的女人。当然，也有因为巨大差异而互相吸引的例子，但“相似性”可以让感情更长久。人们常说：“有夫妻相的人感情好。”如果用心理学的“相似性”来解释，并不是因为长相相似所以感情就好，而是因为夫妻二人的人格相似，使他们神情更相近，因而外人觉得他们的长相也相似。这样“相似性”高的夫妻，相处会很融洽，感情肯定是很好的。

找对象和找工作一样，很多时候没有第二次机会，因此在遇到好男人/好女人之前，你需要不断提升自己，使自己变成相同标准的好女人/好男人，当缘分降临的时候，你才有充分的准备去吸引对方，而不是有缘无分。

小练习

1. 你心中的好男人/好女人标准是什么？

2. 请你在周末时尽量少宅在家，多参加社区或者户外活动，并展示出你的“好”。

点睛

每个人都在寻找幸福，都想得到幸福，但是寻找到对方并不直接等同于寻找幸福。好男人/好女人不能成为你幸福的源泉，幸福需要自己创造。你首先要创造的就是一个美好的自己。有了一个美好的你，再加上好男人/好女人，你们才能共度美好的幸福生活！

你是“剩男”、“剩女”吗？

剩是主动的，也是被动的。同是天涯必剩客，相逢何必曾相识！剩总有剩的理由，但“高不成，低不就”才是剩下来的普遍原因。不想将就，不愿意降低要求，找不到合适的和自己想要的，宁可继续“剩下去”。

——佚名

小故事

小美和她的几个闺蜜正是传说中的“黄金剩女”，闺蜜密聊时没少奚落男生，她们都决心找到自己的真心爱人。可是随着年龄越来越大，小美和闺蜜们内心也慢慢着急起来。今年的平安夜，居然几个闺蜜都同意了崇拜者的追求，幸福地手挽手了。小美对闺蜜们的行为有点不理解：“这些男人可是经常被她们奚落的啊！”但是，小美也在想：“闺蜜们都在我面前秀恩爱，我是不是也该赶快找一个了？我可不要落单啊！”

心理分析

“剩男剩女”的主要原因不全是眼光太高或者太挑。现在的社会，工作讲究效率，大学恋爱容易分手，工作后就是一个词“没时间”，别说约会了，朋友聚会都不一定有空。因为工作，生活圈也就小了。其实你是不是“剩男剩女”并不是最关键的，你需注意的是扩大自己的交友范围，并且遵从自己内心的声音。

为什么在情人节、圣诞节时总容易表白成功、容易成双成对？甚至平安夜变成了“献身日”？放眼望去，如今的节日一个比一个隆重，情人节满大街的鲜花和烛光晚餐。当你看着身边出双入对的男男女女，原本坚定的意志也很容易被浪漫腐蚀。平安夜就更不用说了，狂欢的青年男女在激光光束的照射下叫嚣着要狂欢、要燃烧。热烈的气氛容易激发人体内的荷尔蒙，相爱的年轻男女，狂欢的氛围，如果窗外再下点雪，那简直就是偶像剧的情节了。

在这样的环境中，你也会想找个人谈恋爱，这是从众心理的一种体现。当周围朋友中谈恋爱的人数逐渐增多时，人的从众心理会逐渐转变成一种强迫观念，认为自己不谈恋爱不行。这容易导致自己降低对恋爱对象的要求，从而糊里糊涂地就喜欢上一个人了，或者“速食”爱情，到头来两败俱伤。

心理学家阿希曾做过一个从众实验。他请大学生们自愿做他的实验者，告诉他们这个实验的目的是研究人的视觉情况。当某个来参加实验的大学生走进实验室的时候，他发现已经有 5 个人先坐在那里了，他只能坐在第 6 个位置上。事实上他不知道，其他 5 个人是跟阿希串通好了的假实验者。阿希要大家做一个非常容易的判断——比较线段的长度。他拿出一张画有一条竖线的卡片，然后让大家比较这条线和另一张卡片上的 3 条线中的哪一条线等长。判断共进行了 18 次。事实上这些线段的长短差异很明显，正常人很容易做出正确判断。然而，在 2 次正常判断之后，5 个假实验者故意异口同声地说出一个错误答案。于是真实验者开始迷惑了，他是坚定地相信自己的眼力呢，还是说出一个和其他人一样但自己心里认为不正确的答案呢？实验的结果是，平均有33%的人判断是从众的，有76%的人至少做了一次从众的判断。而在正常的情况下，人们错误判断的可能性还不到1%。当然，还有24%的人一直没有从众，他们按照自己的正确判断来回答。而且女性的从众倾向和男性没有明显差异。

阿希实验说明，大多数人会因为从众而违心地进行明显错误的判断。剩男剩女们，切不可因为从众心理而失去内心的尺度，进而做出仓促的决定。

小练习

回想自己有没有产生过从众心理？你一般是怎么克服这种从众心理的呢？

点睛

当剩男剩女们积极寻找自己的另一半时，可以将就条件，但是不能将就感觉。千万不要因为周围人都恋爱了、都有小孩了，你就凑合地迅速找一个对象恋爱、结婚。记住，这只是一种从众心理。要相信自己的感觉，遵从内心的召唤，才能早日找到自己的真心爱人！

男人都是“外貌协会”的吗？

窈窕淑女，君子好逑。

——《诗经·关雎》

小故事

前阵子某热心朋友给小美介绍了一个证券男，说把她的联系方式给了对方，有意的话自行安排见面。不久后朋友再次来电，说此男已经相亲成功，无意再见。

好久没有上人人网，小美发现该证券男访问过她的人人网。顿时明白，肯定是该男看过人人网上的小照片，不满意外貌，找理由拒绝而已。

小美很无奈。其实，生活中的小美性格开朗、相貌清秀。而证券男的外貌很一般，却对别人的相貌如此苛刻。

看来外貌党的挑剔程度确实让人发指啊！

心理分析

爱美之心人皆有之，男人天生就爱美人。走在大街上，美女总能吸引男人的眼球。一项追踪眼球动作的研究发现，男人在看到一个女人的0.2秒之内就开始评估她的身材。在进化心理学家看来，这是天然的本能。

美国临床心理学家维尼塔·梅塔认为，男女在养育下一代的问题上有着不同的投入方式，从根本上导致了两性不同的求偶倾向。女人投入的是内在的生理资源，主要是怀孕和哺乳，而男人投入的是外在的物质资源，包括食物、住房和安全保障。因此在择偶时，女人更看重男人的物质资源，而男人更容易被女人的美貌吸引——在进化的意义上说，身体魅力和生育能力有着密切的关系。男性在潜意识里对细腰、大臀的女性更感兴趣，因为这是具备良好生育能力的年轻女性所具有的生理保证。

然而，男人并不是纯粹的外貌协会成员。

心理学家保罗·艾斯特威克和伊莱·芬克尔对速配约会进行了一场实验，他们邀请了163位大学男孩和女孩参与速配约会，并要求他们在约会开始之前写出自己的择偶标准，比如外貌、工作能力或个性。男孩们基本都选择了外貌，他们要漂亮的。可是当活动开始后，这些标准产生了变化。

艾斯特威克说："我们都觉得男人比女人更看重外貌，这个观点应该理解为，男人觉得优秀的外貌会让人产生更多浪漫幻想。"

伦敦心理学家斯瓦米的实验结果也表明，身体的吸引力在缺少社交互动时显得很重要，但一旦有了互动，外表的重要性就会迅速下降。斯瓦米和其同事向1000名年轻男性各派发了一张女性图片，图片中还附注有图中人物的简要个性描述。男孩们会对每张图片进行打分，并标出最大和最小的分值。男人们对个性较好的女孩会扩大自己的择偶标准。而那些身材较胖、个性优秀的女孩们获得分值范围变动最大。不好的性格则相反。

社会学家瑞贝卡·普兰特在对14000名学生的研究中发现，大部分男性希望自己能够对未来伴侣有一定的了解和信任。他认为，从文化角度上来说，人们并没有赋予男性良好的情感语言。男人们想说："我想更多了解你，想和你融为一体，想和你建立联系，这是让我兴奋起来的原因，远比你的外貌更加重要。"

小练习

本篇内容对你的恋爱有些什么启发呢？

点睛

恋人之间的相互了解和相互信任才是使爱情持续的关键。当然，如果你能更加注重自己的外表形象，相信你们的爱情会更加甜蜜！

“门当户对”有没有道理？

虽然不是门当户对，也强如陷于贼中。

——王实甫

小故事

腾和静相爱了。腾是大山里走出来的穷小子，静是城市里长大的乖乖女，静家条件比腾家好很多！但是腾深深地爱着静，静也爱腾！可是静父母并不赞同，因为他们觉得门不当户不对。腾不怨恨自己的出生，父母把他培养出来已经很不容易了，他能做的只有继续努力，干出一番事业来证明自己，用自己的爱证明给静的父母看：自己有多爱他们的女儿，并会用一生去爱她、呵护她！

心理分析

现代的“门当户对”已经不是传统意义的社会、经济地位相对以及八字相和之类，它上升到另一层面，包括两个人是否拥有相似的家庭背景、成长经历，从而拥有相似的价值观、文化修养、性格、喜好和精神需求。

“门当户对”的心理学基础之一就是社会心理学的人际交往观点，即如果符合相似性原则和互补性原则，双方会很容易形成深厚的情感联系。相似原则包括信念、价值观、态度和个性品质的相似，年龄的相似，以及社会地位的相似等。许多研究表明，他人越是与自己相似，便越是喜欢这个人。互补性原则指当两个人的角色作用不同时，人更喜欢那些与自己个性品质相反的人。互补性是建立在相似性基础上的。

婚姻在爱情的基础上产生，但不仅仅是两个人的结合，更是需要很多的条件作为基础。鼓励双方经济独立和思想独立，这样在家庭中才能拥有平等的地位。同时，如果两个人有更多的生活层面和精神层面的相似性，对很多事情的认知和感受相似，彼此会更加欣赏、喜欢、吸引，爱情和婚姻才能永葆青春。

“门当户对”也能够让彼此双方尽快适应刚刚步入婚姻殿堂接踵而来的诸多不合拍，缩短双方在新婚时的磨合期。因为婚姻中双方的相处模式、沟通方式是模仿着原来生活的家庭模式，因此两个相近的家庭有利于夫妻双方更容易理解对方，更容易沟通。

“门当户对”的婚姻相对理性，在很多条件的保障下，遇到问题容易协调和解决。社会压力的增加让“门当户对”成为越来越多人婚恋的条件，各种相亲会、见面会，大家也都是拿着“门当户对”去找寻自己的伴侣。

虽然“门当户对”有一定的道理和现实意义，但当爱情来临时，如果只盘算着对方的家世、收入、条件，那么爱情的美好就会在现实面前消失得无影无踪。正是爱情的这种无条件性、无差异性、愿意付出牺牲的美好，让它成为世间最纯洁、最美好的感情。爱情如果成为简单的“门当户对”的条件累加，也就不能称之为爱情了。

小练习

你是如何看待“门当户对”这一问题的？你和爱人是否“门当户对”呢？请填写以下表格，作个简单分析。

考虑因素	我自己	我的爱人
父母感情状况、相处模式		
父母经济状况、社会地位		
价值观		
成长经历		
兴趣爱好		
生活习惯		
……		

点睛

“门当户对”应该成为爱情，尤其是婚姻的考虑要素，并放在一个非常重要的位置。但是过分地强调“门当户对”无疑会让爱情失去很多美好的东西。因此，在注重感情的前提下认真考虑“门当户对”，让以后的婚姻生活更加美好和谐吧。

忘不了过去怎么办?

记忆有时非常脆弱，它仅仅存活在虚幻的记忆之中，一旦帷幕拉起，裸露出真实，心里的某种渴念便会轰然坍塌，连带着全部生活都变得不可收拾。说得严重一点，那真是整个世界的倾覆。

——黄蓓佳

小故事

小雯的第一个男友非常优秀，小雯很爱他，可是慢慢发现了他的大男子主义和对婚姻的犹豫。分手后，小雯遇到了真正爱她的人，可是却觉得自己对他并没有对前男友那种感情，还经常会不自觉地想到前男友的种种好。小雯心里很自责。但是越想忘记，又越忘不了。不想拿他俩比较，但是又没办法控制自己的念头。

心理分析

“忘不了”是因为你在强化过去。当人受到伤害时，第一反应往往是试图忘记。可是，当你想忘记某些内容的时候，这个念头就加深了你的印象，等于是回忆了一次过去。让我们来做个小实验你就明白这个道理了。现在请听我的指令：“请你头脑中不要去想长颈鹿，想任何其他事情都可以，只要不想长颈鹿。”那么，你头脑中第一个想到的、挥之不去的是什么呢？也许聪明的你已经明白了，这也就是人们常说的“想忘却忘不了”。因为在不断的暗示下，你在不断地想着长颈鹿，你在不断强化这个想回避的内容。

“忘不了”是因为你在美化过去。对于曾经热恋过的人，美好的记忆肯定是有的。心理学家发现，人们往往只能记忆对自己有利的信息，或只记自己愿意记的信息，而其余信息往往会被遗忘。这种记忆上的取舍，就叫选择性记忆。我们在生活中都会有这样的体会，感兴趣的东西容易记牢，激动人心的事往往终身不能忘怀。这体现了生物的适应性遗忘规律，是记忆选择性的一种表现。

人们总是对幸福和快乐充满了向往，而且在回忆自己的过去时，人们也会倾向于忘掉不愉快，而只记忆那些愉快的人和事。这是一种无意识的选择。因此，人们往往在无意中美化了过去，往往让你忘不了过去的美好，但是其实过去并没有你记忆中的那么美。

你能忘记过去吗？美国的一些临床神经科学家研究发现，有很多已经发生过的事会带有很强烈的情绪和情感色彩，这些事件比某些不带情绪和情感色彩的事件更能引起人们的回忆。这是因为人的大脑中有一个储存情绪和情感事件的“情结环”（“情结环”一词由Papez提出，因此又称为“Papez 环”，它由边缘系统中的一些结构形成）。因此，恋爱这种有着极度情绪和情感色彩的记忆事件，是不可能让人完全忘记的。人们对于往事的回忆是有一定规律的，即在人情绪处在不良状态时，会选择那些与不良情绪相符合的回忆。所以，当你与现在的爱人闹别扭时，你会回忆她/他的种种不好，再加上对前任的美好记忆，更觉得她/他不如前任。因此，你经常会不自觉地进行比较，使你更加无法忘记前任。此时的你可以做的是，多回忆现在爱人的种种好处，并且提示自己不要扩大对她/他的负面看法。

小练习

第一步，请你准备一张白纸，写下你无法忘记的内容，写得越全面越好。然后将它装在信封里，把它埋到一个你不常去的地方，默默地跟它道别。这是完成了一个心理的道别仪式，也许会有暂时的痛苦，但是你的心会沉静下来。

第二步，请把现在爱人的好和不好写下来，放在一个你能经常看到的地方，提醒自己多看到她/他的好，以便日后争吵时能快速想起她/他的好；多看她/他的不好，以便日后争吵时能接纳，因为你早已预料并接纳了。

点睛

也许他/她伤害过你，但是你们也有过美好的回忆。让美好存在心底，让伤害变得更加有价值。感激伤害你的人，因为他磨练了你的心志；感激欺骗你的人，因为他增进了你的见识；感激遗弃你的人，因为他教导了你应自立；感激绊倒你的人，因为他强化了你的能力；感激斥责你的人，因为他助长了你的智慧。感激所有使你成长的人。

你有相亲秘籍吗？

你站在桥上看风景，看风景的人在楼上看你。明月装饰了你的窗子，你装饰了别人的梦。

——卞之琳

小故事

不瞒各位说，想当年洪大哥30岁时，已经是有了100多场相亲经验的大龄青年。见过的女青年少说也能组成一个连队，我自信地认为他完全有资格当个代表了，可惜就是姻缘不佳，命运不济，竟眼睁睁地看着那么多可人的年轻小女子都一一离他而去，无一例外地成了别人的新娘，从未让他有半次得过手。想当个披红挂绿的新郎官，却无论如何也不能实现！正所谓，天生一付当官相，就是人多轮不上。到底有什么相亲秘籍能借他一用啊？

心理分析

不知道什么时候，身边的“白骨精”纷纷变成“北大荒”。电视报刊网络上，“万人大相亲”、“非诚勿扰”、“世纪佳缘”这种名词越来越多地成为城市白领生活的场景。这种“现代式相亲”迅速风靡北京、上海、广州、深圳等各大城市。单身们是真想通过这样的流水线去邂逅爱情？还是因为忙碌的城市生活，这种“超市型”

开架选择给了大家更多的机会和更广的挑选范围，倒不如将相亲变成拓宽人际交往，结识另一个圈子的新方式？相亲的成功率有一部分取决于你的相亲技巧，以下五点是心理学家根据研究得出的相亲秘籍。

（1）在意对方的发言：社会心理研究发现，27%的不成功相亲都源于一方话多、另一方无语的尴尬局面！对于第一次见面而言，双方并不熟悉，一切从零开始，就该遵守绝对公平的原则。建议你在对话时尽量留给对方说话时间，让人感觉到你的体贴和平等。

（2）把眼神放到恰当的位置：以对方眉心为顶角、两颧骨为底角所形成的三角形，被心理学家称为“焦点关注区”。与对方说话时，如果你的目光专注于这个“三角区”，将给人留下被强烈关注、自己成为焦点的感觉，这会让人对你好感倍增！

（3）与他/她同在“一条船”上：心理学研究发现，人们都喜欢与自己相似的人。如果你找不到共同话题时，就应适当重复对方观点，以表示自己与他处于同一立场。这样一来，对方就会产生自我满足感，对你好感倍增！

（4）微笑再微笑：真正的微笑不是嘴角上翘那么简单，而是张弛有度地做肌肉运动。有研究发现，露齿微笑的感染效果比抿嘴微笑高近三成，而且70%的亚洲男人都表示自己喜欢经常微笑、又有小虎牙的女生！而女人们更是喜欢看到男人阳光的一面。

（5）相信第一感觉，放大第六感觉：无论书面资料有多“般配”，多数人在见面几秒钟之后就决定是否交往，并且女性做出决定的时间更短。相信在“快速约会”中，人们不是依照书面资料来判断，而是受到直觉驱使。他们从看到对方第一眼起，到形成判断，全程不超过 3 秒，还来不及用金钱、权力等势利因素做衡量。所以，千万不要放弃让直觉做出判断的机会。当第一感觉告诉你眼前的这个人值得继续交往和相处时，就应该适时放大自己的第六感。当第一感觉和第六感都发生作用时，你应该知道接下来怎么做了。

小练习

请根据以上 5 条相亲秘籍逐条练习。其实，这几条也可以选择性用在你的人际交往之中。

点睛

在择偶问题上，真正的“救星”是自己，相亲秘籍是需要不断练习才能熟能生巧的。主动地参加各类社交活动，扩大交际面，放下顾虑，展现最优秀的一面，给自己创造机会，也是给别人机会。你会早日找到理想的那一半的！

表白的最佳时机是什么时候?

时间与时间在间隔，回忆与现实，它们为什么在这一刻相识，在下一刻告白，在某一刻等待?时间与时间的告白，能停留人间多长时间?

——《时间与时间的告白》

小故事

小舟从工作开始一直喜欢另一个部门的男生，但是由于自己腼腆的性格，选择把爱埋在心底。但是最近听说有人在给那个男生介绍女朋友了，小舟觉得如果再不表白，等到他选择了别人就晚了。情感问题需要小心试探，愚人节的到来对小舟来说是表白的恰当时机，因为它并不是一个浪漫的节日，而且又相对安全，给说话人和听话人都留有余地，即使拒绝也不会尴尬。

心理分析

收获爱情就和收获果实一样，不能太早，也不能太晚，选择好的时机进行表白才能获得成功。

如果还没有开始正式交往，你觉得你们之间是否存在相爱的障碍?对方会不会有什么顾虑?这是在表白之前需要考虑的，也是你成熟、有责任感的表现。否则如果表白太急切，或许会适得其反，失去一段原本可以发展的感情。如果已经开始交往，你希望感情有进一步发展，那么表白之前还需要考虑交往的时间有多长，他/她对你是否有了深刻的了解，是否也像你这样感情炽热，到了非吐露不可的地步。

当表白的条件一切具备时，那么就只欠东风了。很多男人缺乏主动敞开心扉的勇气，主要原因是怕遭到拒绝。这种封闭式求爱心理会种下苦果，应该以开放式的情感交流方式主动去追寻自己的爱。勇气往往是爱情天平一颗举足轻重的砝码。

表白的时机最好选择在他/她情绪稳定或高涨时，这时他/她充满了对爱和幸福的追求感，比较容易接受你的求爱。尤其是向女人表白时，柔和的光线让她显得如此美丽，在夜晚来临时，鼓起勇气向她表白吧。英国的一项研究指出，天黑后求爱比白天表白成功率高很多。

英国生物学者研究发现，人的思维活动是由大脑额叶系统和颞叶系统来控制的，情绪活动是由大脑边缘系统来控制的，二者之间会此消彼长。白天大脑额叶系统和颞叶系统兴奋，人们处于理性思维活动的巅峰；天黑后大脑边缘系统活动加强，人们的情绪活动相应加强。因此在晚上人们通常感情非常丰富，容易冲动，也容易被感动。

一周有7天，哪天最适合求爱呢？澳大利亚的心理学家和社会行为学家共同进行了这项研究。他们招募了18~35岁的200名未婚男性，研究了他们的恋爱情况，包括对女性的追求方式、求爱方式和求爱时间以及最后的成功率。结果在排除了诸多因素的影响后，研究者惊奇地发现，在周日晚上求爱的男人更容易获得女性的同意。

研究者分析，周日求爱之所以更容易成功有两个原因：一是因为周日晚上大部分人已经进入工作状态，不太愿意出门参加社交活动，如果对方在这时仍然答应与你约会，说明他/她心中有你，比较在乎你，一般不会拒绝你的求爱；二是周日晚上人容易产生低落的心理，心理防线较低，在听到他人的爱与真心时，容易受到感动。因此，想要向爱人表明心意，不妨将这个时间选在周日晚上吧。

还有研究发现，周三时人的情绪最差，情侣分手也最易发生。心理学家认为，周三之所以让人感到沮丧，是因为上一个周末已经过去，而下一个周末似乎还遥遥无期，人们仿佛坠入工作的“泥沼”中。因此，建议尽量避免在周三时表白。

小练习

回想一下，你有过成功表白的经验吗？当时选择的时机是怎样的？如果现在你想要表白，你打算选择怎样的时机？

点睛

表白的时机很重要，要想不给自己留下遗憾，那就主动出击、选择合适的时机大胆地向他/她表白吧，勇敢地去捕捉那稍纵即逝的机会。

究竟想找个什么样的人恋爱？

爱情地图就像面庞、身体和大脑一样广泛存在，我们每个人都有一幅爱情地图。如果没有爱情地图，世界上就不会有堕入情网的故事，动物就不会再交配，生命也就不会繁衍。

——莫尼

小故事

林子在一次恋爱咨询中说道："我身边有个不错的追求者，人品不错，工作过得去，工作能力很强（目前来看很有前途），长相、身高什么的也符合我找对象的要求，房子什么的也有。总之，我想要的，他都能给，也愿意给。可是我很纠结，面对这样一个优秀的男人，我居然没感觉！他向我表白被我拒绝了（我觉得和一个没感觉的人谈恋爱太累了）。可他说相信有一天我一定会答应他的，他一定能感动我的，还说就算最后我们没有在一起，他也不在乎，他觉得爱一个人，就是要付出。我越来越不明白自己了，这不就是我想找的男人吗？可是为什么我会没感觉？我到底想找一个怎么样的人恋爱？"

心理分析

现在找恋爱对象流行讲究"眼缘"，看看对方是不是自己的

“那杯茶”。但实际上很多人都不知道自己想找个什么样的人恋爱，不知道自己对什么样的人才会有感觉。也许你不理解为什么高高帅帅的男人娶了其貌不扬的女人，漂亮温柔的女人嫁给了大男子主义的男人。在心理学研究中，爱情与各人的经历有关；爱的感觉早在年幼时就已经深埋在我们的潜意识之中。

19世纪30年代，奥地利著名动物行为学家康拉德·劳伦兹博士曾经成功地引诱一群小鸭子对他产生了无法割舍的眷恋。当时，他一看到小鸭子用脆薄的鸭嘴啄开蛋壳，就蹲下身子，扮作鸭妈妈的模样从蛋壳旁边走过。于是，小鸭子立刻爬出蛋壳，跟着他在实验室里行走。后来，尽管真正的鸭妈妈出现在实验室，但那些被铭刻了潜意识的小鸭子仍然千方百计地跟在劳伦兹身后。人类对铭刻现象有免疫力吗？虽然与那些上当后列队跟在劳伦兹博士身后的小鸭子不同，但仍然有确凿的证据表明，我们是另一种铭刻的牺牲品，即“早期性印象铭刻”。全球知名的性科学家约翰·莫尼专门创造了“爱情地图”这个概念来描述这种铭刻。

莫尼博士说：“爱情地图就像面庞、身体和大脑一样广泛存在，我们每个人都有一幅爱情地图。如果没有爱情地图，世界上就不会有堕入情网的故事，动物就不会再交配，生命也就不会繁衍。”你和你的“茶”都有自己的爱情地图，它不可磨灭地嵌入了我们的自尊和自我认同当中，留在我们的心灵深处，变成潜意识的一部分。它们可能是积极的铭刻。也许高高帅帅的男子母亲喜欢某种气味的香水，而那位其貌不扬的女人恰巧用了这种香水。铭刻也可能是消极的，也许美丽的女子从小没有父亲的关爱，她需要的是一个权威型的男人给她情感的弥补。

尽管一些积极或消极的早期经历你早已忘记或者习惯，但其实它们都已被一一刻入了你的潜意识。如果在合适的时机，某个人忽然触及了你的某处刻痕，你会强烈地感觉到爱，你会觉得对方就是那个对的人。于是你终于知道了你要找个什么样的人恋爱。

小练习

回想你的成长经历，哪些事情让你印象深刻，如何与你之前的恋爱经验联系起来？通过这样的方法，来思考你的爱情地图是什么样的。

点睛

就像我们买东西只选对的不选贵的，我们找恋爱对象也是只找合适的。要选到合适你的对象，首先要做的事情就是深入分析自己的成长经历，客观认识自己的积极或消极铭刻，仔细思考自己是一个什么样的人，自己的内心需求是什么。当你看清楚自己后，就能在人群中更容易找到只对他有感觉、想要恋爱的那个人了！

喜欢等不等于爱？

“喜欢”和“爱”的区别是什么？喜欢花的人会去采花，爱花的人会去浇水。

——佚名

小故事

电影《少林足球》里，芳心暗许的赵薇在大树底下悄声向周星驰表白：“我喜欢你。”无心的周星驰却傻傻地回说：“我也喜欢你呀！”赵薇只好再解释，她喜欢他，想和他永远在一起。搞清楚了意思的周星驰马上愣住，而且不知所措。因为他太意外了，他想不到，原来“喜欢”也包含了“爱”，原来“喜欢”有时是不可以单纯地使用的。

心理分析

“喜欢”与“爱”是最容易混淆的一种人际吸引形式。社会心理学家对“爱”和“喜欢”的关系进行了系统的研究，发现“爱”不是“喜欢”的一种特殊形式，“爱”和“喜欢”根本就是两种不同的情感。

“喜欢”是随着对充满魅力的对象加深好感，慢慢开始想和他/她在一起，除了开心、认同等积极情感外，还会开始体验到紧张、焦虑、恍惚、担忧等情绪，开始会有“想见面”、“总想在一起”的期望，并且如果不能实现这些期望，会感到非常痛苦。而且这些期望都集中在一个人的身上。这便是“喜欢”。“喜欢”是有条件的，你清楚自己是因为什么事件，例如，对方做了让你感动的事情之类，然后觉得自己“爱上”这个人。确切地说，没有“爱上”但是“被感动”了。

当“喜欢”发展到“珍视对方”、“不能没有对方”的情感，感觉对方比一切都重要、想让他/她幸福时，“爱”已经在发芽、滋长。“喜欢”可以随时随地发生，“爱”却是有限制的。爱不仅要彼此喜欢，还需要两个人走到一起并好好经营彼此的感情。喜欢可以只是一个人的事情，爱情则是两个人的事。“喜欢”和“爱”一个重要的区别就是“独占性”。只有“爱”包含着想要独占对方的强烈欲望，以及强烈地感觉到为了对方可以牺牲自己。当你想独自占有这个人的情感的时候，你才是爱上了这个人。爱上了这个人，你还希望你也是他/她唯一的爱。所以，你不许对方和其他异性有过于亲密的交流，你也不允许其他的异性向对方表露丝毫的好感。其实这个阶段是一个非常危险的阶段，过分的多疑和嫉妒会毁掉一份真正的情缘。同时，困扰心情的还有很容易把“喜欢”和“爱”混淆。

在精神分析学派看来，“爱”是有客体关系的，即是所爱的对象的某部分会进驻入自我人格里面，例如经常想起对方，模仿他的行为，很注意他的一切细节，然后对方人格的某部分进入自己人格里，令自己人格有所改变，这也就是为什么感情好的夫妻越来越有“夫妻相”，他们的神情会越来越相似，互相会越来越认可。而“喜欢”

是没有客体关系的，就是对方并未能对自己的人格起到影响，只是一种异性相吸的满足。

虽然“喜欢”和“爱”有本质区别，不过，千百年来，一向害羞、含蓄的中国人总不喜欢随便把“爱”字挂在嘴边，甚至一些老夫老妻一辈子也就在婚礼上说过一次“爱”，他/她口中的“喜欢”其实就包含了“爱”。

小练习

1. 依据文中“喜欢”与“爱”的区别，仔细体会自己对他/她的感情，感情中包含了哪些期盼和感受呢？请写下来，然后仔细分辨你的感情是“喜欢”还是“爱”。

2. 请你反思自己为什么想要清晰地辨别你和他/她之间的情感到底属于什么呢？

点睛

男人女人之所以要去“谈”恋爱，就是要让“喜欢”变成“爱”。“爱”可以说是经营之后的情感，它比“喜欢”更美妙、更深刻、更持久。当然，失去时也更让人痛苦。也可以说，“爱”是“喜欢”的高级发展形态。

PART TWO 第二章

恋爱进行时

为什么情人眼里出西施？

美与不美，全在于看的人的眼睛。

——夏洛蒂·勃朗特

小故事

李佳的一个好朋友属于高帅富那种，择偶要求很高。最近他说自己谈恋爱了，能感觉到他的兴奋。好奇心驱使李佳和自己的男友要见见那位幸运的女孩。可是见面后发现这女孩各方面条件很一般。长相一般，有很多青春痘；身材瘦瘦的，要什么没什么；个子不高；职业中专学历，在一家小企业打工当出纳。最过分的是在饭店里她非要让李佳的好朋友给她喂饭吃。李佳和男友面面相觑，再看看那朋友，还是一脸幸福的表情……真是“情人眼里出西施”呀！

心理分析

俗话说：“耳听是虚，眼见为实。”然而眼见也未必是实，即“情人眼里出西施”。如果把这句话转换为心理学术语，那就是在爱情状态中，人们的知觉被歪曲，甚至被严重歪曲。在知觉过程中，人不可避免地受心理定势的影响，受先前经验的左右，受情绪状态的干扰。尤其在恋爱中，由于情感高度卷入，所以情人们眼中的世界实际上是一个自己想看到的世界。于是，“情人眼里出西施”这种非理性的现象也就出现了。英国的科学家们用神经科学的手段证实了这一点。

英国伦敦大学的研究人员利用功能性磁共振成像技术，准确地捕捉到了人在恋爱时大脑的活动情况。爱的感觉虽然能让一部分大脑细胞活跃起来，但也令大脑中的批评性区域受到抑制。研究发现，脑部扫描可显示当情侣沉溺爱河时，会失去批判能力，扫描显示爱情会加速脑部奖赏系统特定区域的反应，并减慢做出否定判断系统的活动。当奖赏系统想到爱恋的人时，脑部会停止负责批判性社会评价和做出负面情绪的网络活动。

社会心理学的晕轮效应，也使得情人变得更完美。晕轮效应也叫光环效应或者以点概面效应。它是指在人际认知中，对他人的多数判断最初是依据好坏得出来的，然后再从这个判断推论此人的其他品质特性。如果一个人被判断为是好的，他将被一种积极的、肯定的光环所笼罩，被赋予一切好的品质与优良的特性。反之，则被一种消极的、否定的光环所笼罩，被认为具有坏的品质、不良的特性。

美国心理学家戴恩等人的一项研究证明了这个效应。他们让被试者看一些照片，照片上的人分别是很有魅力的、无魅力的和魅力中等的。然后让被试者在与魅力无关的方面评论这些人，如他们的职业、婚姻状况、能力等。结果发现，有魅力的人在各方面得到的评分都是最高的，无魅力者的得分最低，这种“漂亮的就是最好的”是晕轮效应的典型表现。

总之，情感的高度投入，晕轮效应的存在，直接衍生“当局者迷”，进而导致了“情人眼里出西施”现象的产生。

小练习

请在表中列出爱人的优点和缺点，并根据你对此的耐受程度打分。0 代表完全不能忍受，5 代表完全能忍受。请保留此表，当恋爱进程发生改变时再来看看吧。

	优点	耐受程度	缺点	耐受程度
我的爱人				

点睛

热恋中的人觉得彼此都是对方最美好的那一半，忘却了一切烦恼，体验到了高峰幸福。这种体验是我们每个人都向往的，但高峰体验却不能长久。

爱情中，在享受热恋的美好时，也要适度保持一份清醒，能看到并且悦纳对方的不美之处，才能让恋情走得更远、更长久。

在哪里约会最能打动人？

情人啊！你知道吗？在春天，在那个约会的地方，老梧桐依然为我们撑着绿绿的伞，每次收起时，总会伤心地落泪。情人啊！在这属于我们的地方，我还能看到我们昔日的足迹，还能听到你甜美的声音，可是你在哪里？

——《约会的地方》

小故事

已经嫁陶哥快1年了，陶嫂有时还是会恨恨地说："就因为当年每次约会时你选择的见面地点，再加上你伪装出来的谈吐、文质彬彬的形象，很有欺诈性，我才上了你的当！"陶哥呵呵笑道："当然啦，要不是我作了精心策划，你这位自以为一方佳人，能轻易踏进我设下的这个甜蜜圈套吗？"

心理分析

(1) 初次约会地点选择的关键词：情绪。

终于将意中人约出来以后，会忍不住想："去哪儿约会呢？"也许大多数人都是去饭店，但如果初次约会的目的是让对方爱上你，饭店并不是最佳选择。

一项著名的爱情心理实验：加拿大有处风景胜地卡布兰诺峡谷，

峡谷中建了一座摇荡不定的吊桥和一座十分坚固的木桥。哥伦比亚大学心理学家达顿教授利用这两座截然不同的桥做了一个著名的心理实验。他安排女助手分别在两座桥头守株待兔，她必须接近每个刚刚过桥的男士，让他们填写一份简单的调查表，然后给他们留下自己的姓名与电话。从后续的电话反馈来看，那些刚刚走过危险吊桥的男士普遍对女助手展现出更多的好感与兴趣。

人类感情实际上由两种因素左右，一是生理反应，二是对自己生理反应的认知。试着想象那些刚刚战战兢兢走过危险吊桥男士们的感受：心跳加速、呼吸急促、大量分泌肾上腺素……然后他们面前出现了一位优雅得体的女士，微笑着给他留下了自己的电话——你猜他们的大脑会如何解释自己那种心悸不已的感觉：这一定是爱！

因此，在设计初次约会之前，先了解什么会让他/她感到紧张，然后策划一场唤起情绪的约会。例如一部恐怖悬疑或荡气回肠的爱情电影、云霄飞车、激烈的竞赛等。然后再尽早交流你们共同感受的紧张、焦虑，就可以感觉柔情在两个人之间奔涌。

（2）约会第二阶段地点选择的关键词：交流。

在有初次约会的好感后，第二阶段约会不妨选择饭店、咖啡厅等安静、适合交谈的地点。女性通过交谈感受到亲密感，你们可以讨论初次约会共同的体验，也可以倾诉衷肠。在交流中慢慢了解彼此的迷人个性和兴趣爱好，为第三阶段奠定基础。

（3）约会第三阶段地点选择的关键词：兴趣。

如果女人想让男人迅速爱上她，需要做的只是了解男人的感兴趣的活动，然后女人建议一起参加。因为男人增加亲密感的方式是一起做事。男人立即会从潜意识中感到：“这个女子很适合我的生活方式。”

小练习

你现在处于第几次约会阶段，接下来你将选择什么样的约会地点？

点睛

从心理学角度讲，如果想让对方在约会中爱上自己，首先需要判断两个人的进展程度；然后考虑约会的地点、设计约会的情节。从初次约会的引发情绪，到第二阶段的交流了解，再到第三阶段的做共同有兴趣的事情。每次约会都会有惊喜，都会促进双方的感情，爱情成功的几率也就不断在加大。

如何安排第一次约会？

约会是神秘的，约会是美丽的，第一次约会更是一段美好恋情的开始，也将是一段美好姻缘弥足珍贵的美好回忆。

——佚名

小故事

绿树婆娑，凉风习习，路灯闪闪，两个人款步在林荫道下，交谈于静谧街角。红娘牵线，月老搭桥，初次约会揭开了序幕。

一男生即将去赴他人生的第一次约会，非常紧张，老爸指点他："我的儿子，有三个话题适用于此类场合：食物、家庭和哲学。"男孩约会的地点在一家冰淇淋店，很长一段时间两人都沉默。男孩想起了爸爸的忠告，他问女孩："你喜欢吃土豆饼吗？""不！"一阵沉默。数分钟后，男孩尝试第二个话题："你有哥哥吗？""没有。"又一阵沉默。男孩于是决心打出他的最后一张牌，想了想，问女孩："如果你有个哥哥的话，你觉得他会喜欢吃土豆饼吗？"

心理分析

第一次约会，男性和女性的期待是不同的，男性会注重她会不会和自己有美好未来，而女性注重的是他的热情能持续多久。如果想得到意中人的青睐，难得的第一次约会需要以下小技巧：

（1）约会准备：见面前挑选一份精致的小礼物，如鲜花、巧克力、有意思的书，体现心意和特点即可。不要第一次约会就送贵重礼物，会让对方有所误会或者深感压力。双方应多留心聆听互相的近况、爱好或观点，并从中加以发问来加深对彼此的认识和了解。切忌滔滔不绝地讲自己的专长或雄心壮志。

（2）约会过程：首先要做个细心人。如果希望对方注意你，最好先关注对方的一些细节，包括约会中留意对方衣着打扮、举止细节，在攀谈中打开话题，了解对方喜欢的食物、兴趣爱好等。这样一旦有机会就能展示出你对她/他的关注，自然也会引起她/他对你的注意，且可能留下深刻的印象。

其次，沟通时要注重肢体语言信息。研究表明，在第一次约会时，男性留给对方的第一印象有55%取决于外表和肢体语言，38%取决于讲话技巧，只有7%取决于说话的内容。肢体技巧包括：模仿对方的某个姿势，以培养亲近感；男性将手插入裤兜，展现成熟气质；同时进行某动作，让对方产生“两个人行动一致”的亲切感。不要双臂交叉地站在对方面前，这会让人感到受拒绝、冷落。

再次，保持幽默和愉快。实验发现，两个互不认识的陌生人一起学习跳舞时，虽然有些动作显得愚蠢，但爱情却伴随着笑声出现了，而幽默则是笑声的最好方式。同时，实验还表明，约会应避免选择寂静的环境，轻柔的音乐能让人戒备放松，更容易相互产生好感。专家建议约会时吃点巧克力，它能促进体内多巴胺的分泌，使人变得愉快，并体会到一种莫名的幸福感。

最后，要注重眼神交流，它是情感表达的有效手段。当两个陌生人相对而坐时，注视对方的眼睛远比注视身体其他部位更容易产生亲近感。当然，不要一直直视对方，那会造成尴尬和压力。可以偶尔转移目光，或者表现出略带调皮、认真专注等眼神。

（3）约会结束：一定要安排好第一次约会的圆满结尾。如果是吃饭后，可以问问对这顿饭是否喜欢，是否有兴趣到别处逛逛或继续留下吃些甜品，女孩对饭后甜品一般没有抵抗力，这会让她感觉到快乐。最好能送她回家，如果对她有好感，临别前可以说："和你度过的这段时间感觉真好，我们可以继续这样出来吃饭倾谈吗?"这样也会加深她对你的好感。

小练习

请你设计第一次约会的全过程，并在头脑中进行演练。

点睛

第一次约会，互相都不太了解，所以可能不会全身心地去营造浪漫情调。无论进展有多坏，双方都可以很快平复过来。这就是初次约会的魅力所在。不过面对心仪的对象，在真诚的约会中，合理运用小技巧，增添你与心仪对象的恋爱指数，何乐不为呢?

真的是“男人不坏女人不爱”吗？

男人不坏女人不爱，这种想法有点痴呆，离开他还狠不下心来，为了什么我不明白。男人不坏女人不爱，总有一天他会变乖。

——袁哲

小故事

歌曲《男人不坏女人不爱》道出了白渠的心酸：不喝酒不吸烟也不打牌，回到家里还能做饭烧菜，都说我是好男人，可我却很无奈。老妈想见我的女友，却一个都没带回来。每次约会都不懂浪漫，每次遇见心动的女孩都被人横刀夺爱。

心理分析

不少女性经常说自己喜欢温柔体贴的男性，但是哥伦比亚大学心理学研究结果表明，那些自恋、冲动、爱撒谎的“坏男人”往往更容易“抱得美人归”，而女性实际上也更喜欢这类男性。研究分别向男性和女性展示了异性照片，并让参与者根据他们所看到的表情说出对照片中人物的性吸引力的第一反应。研究发现，女人认为露出笑容的、快乐的男人没有那些表情高傲或看起来似乎曾经犯错并改过的男人性感。女人对于那些满脸堆满笑容的男人们只有兴趣聊聊天，但那些自负、强势或者忧伤的男人更能使她们神魂颠倒。

分析其原因，一般“坏男人”看起来都或者体格强壮，或者性格特征明显，或者显得无赖又幽默，这些都能引起女人的好感和关注。大多数“坏男人”有一种邪恶的单纯，他们直接、简单，懂得世故人情，知道什么时候粗暴，什么时候温存。从女性的角度分析，“自古美女爱英雄”，女性容易对英雄崇拜，“坏男人”可以给她们强大的感觉；女性也有母性，在幻想里喜欢把自己想象成伟大和富有牺牲精神的圣母，期望自己能够改变或者拯救那些“坏男人”。

当然，这项研究只是研究人们对性吸引力的第一反应，并不是建议男性在长期恋情中采取不苟言笑的策略。当想要发展长期恋情时，人们关注的就不只是性吸引力了，还要考虑个性、品质等其他因素。所以并不是说男人不要做个好男人。

小练习

女人请练习：你有没有被“坏男人”吸引过？当你了解“男人不坏女人不爱”的心理原因后，你会如何应对这种诱惑？

男人请练习：你自认为自己有没有“坏男人”的特点呢？你打算如何作个“坏坏”的好男人呢？

点睛

“男人不坏女人不爱”中的“爱”只是爱情开始之前的一种原始吸引或冲动。如果想要长期发展，还是得在日后的感情交往中做个“坏坏”的好男人！

她会喜欢什么礼物？

礼物是爱的见证，是精神食粮，我们可以从母亲哺育自己孩子这一点上找到原型。所以同样，恰当的礼物就是一份能够使接收人内心需求得到充分满足的礼物。

——萨缪埃尔·勒帕斯杰

小故事

圣诞、元旦、春节、情人节、纪念日……各种节日接踵而来，已经恋爱一年的韩斌在每个节日都会为送女友什么礼物而苦恼。很多时候都会问女友想要什么，但韩斌又觉得这样太没创意和惊喜。每次都会上网搜搜大家都送什么礼物。送太贵重吧，节日太多，自己经济能力承受不了；送太便宜吧，又怕女友觉得自己不够重视这份感情。哎，总之，送一份让女友开心、让自己满意的礼物是一件费心的事儿。

心理分析

一般来说，接受礼物是一件让人愉快的事，女人尤其喜欢礼物。但是，女人喜欢的并不一定是非常昂贵的礼物。而且，无缘无故收到礼物，反而会让接受者有精神负担。究其原因，在无缘由的情况下接受礼物，无论对方的动机是什么，接受礼物的人难免产生亏欠的感觉或者产生将来一定会要还人情的精神负担，更有甚者还会怀疑对方的真实意图。有心理学家认为，极端的慷慨和极端的吝啬都是病态的，对一个过于慷慨的男人来说，他送礼物是为了提升自己的价值。因此，这样的礼物并不能真正得到女人的好感，更多地会增加女人心理负担或者让她猜测送礼的目的。

在恋爱中也是同样的。为了减轻礼物带来的心理负担，最重要的原则就是根据恋情的深浅来准备适当的礼物。特别是当恋爱关系还没有确定，或者对方还将你列在考察期，心存疑虑，那么可以给这份礼物找一个适当的理由，减轻收礼方的心理负担，让她能安心地接受你的礼物。如果你在经济状况不是很好的时候，还会记得买小礼物给女朋友，这就是真正令女人感动的礼物了。

其实，好的礼物是另一种语言，让对方感动。寻找她最喜欢的礼物，技巧之一就是把自己想象成对方，寻找对方的兴趣所在。如果你的思路正确，送礼物绝非是一件卖力不讨好的差事。研究也发现，认真挑选礼物的人会比那些随意送礼物的人，在和收礼者之间感觉上会更亲密一些。因此，可以尝试换位思考，多为对方考虑一些，送出的礼物会让她觉得和你更亲密。

芝加哥大学心理学教授埃普利认为，直接根据对方的愿望清单去购买礼物，看似是一种很懒的行为，却也不失为一种最安全的策略。他的团队在芝加哥的科学博物馆里进行了一项研究，结果发现，当人们收到喜欢的礼物时，并不会刻意去思考对方为挑选这份礼物花费多少心思。并且只有当收到一个很糟糕的礼物时，很多收礼物者才会去思考送礼物者为这个礼物花了多少心思以及他/她想要表达的意思。比如说，你送给她一张微微发黄的小孩照片，可能她会疑惑或者感觉礼物分量太轻。但如果你能耐心地讲解挑选这一礼物的想法，比如你是想将小时候的自己也“送”给她，那么收礼物的人对这份礼物的接受程度也就大大提高了。因此，花费心思送一份出人意料的礼物也是获取芳心的技巧。

无论男女，在面对并没有打动心弦的礼物时，应该意识到是不是双方缺乏交流。可以尝试对他说：“这个礼物我并不怎么喜欢”，这其实是把“真实”作为礼物回赠给对方，这已经是好的开端了。

小练习

你有过成功或者失败的送礼物给爱人的经历吗？送出的是一份什么样的礼物？你们当时的恋情发展到什么程度？现在分析，成功或者失败的原因是什么呢？

点睛

送礼是人之常情，尤其是情侣之间送礼。每个节日都是借助礼物向对方表达情谊的时刻。无论礼物的贵重，相爱的两个人总是能更多地为对方考虑，懂得对方的心思，理解对方的行为，更能从选择礼物或者接受礼物的过程中感受到浓浓的爱意。

如何寻找合适的话题？

能说不如会说。会说就要有合适的话题，彼此参与其中，尽享交流的乐趣。

——斋藤孝

小故事

小军在生活中还比较健谈，最近经亲戚介绍，认识了一个女生。小军很喜欢她，平时和她发点短信什么的，都是一些无关紧要的寒暄。最近小军准备约这个女孩见面，但又不知道到时候该说点什么好。小军回忆和前女友相处时的一些话题，有时被前女友批评总聊些无聊的话题。小军有些不知所措，到底可以说些什么有意义的话题呢？

心理分析

无论是男女初次见面还是平日相处，都需要一些合适的话题来增进感情。可以根据感情的不同阶段，选择不同的话题范围。

（1）喜欢的美食：这是个在恋爱初期和热恋期都会令人愉快的话题。在恋爱初期，你们谈论美食，能了解彼此喜欢的口味，找到共同点；在热恋期，不失时机地夸一下彼此的美食手艺，可以说“想着你做的美食我都流口水了，哪天让我一饱口福吧”。如果你也有一手，别忘了邀请她品尝你的手艺。

（2）彼此的家庭：可以谈谈双方的家庭，包括父母或者兄弟姐妹。一方面可以活跃气氛，加深彼此的感情，赢得彼此的信任；另一方面，精神分析认为，原生家庭对一个人的性格影响是最大的。因此，了解一个人的家庭状况，包括父母的性格和婚姻状况，能帮助你对他/她有深入了解，并且可以作为是否和他/她步入婚姻殿堂的参考。

（3）旅游经历：尤其在恋爱初期，可以问问彼此的旅游经历，非常有助于男女打开话匣子，彼此都会乐于回答，不会有什么戒心。如果你想增加对方对你的好感，可以请对方介绍一下旅游经历，或者看看旅游照片。这时你只需做个忠实的听者。男性还可以更加主动地问对方想去什么地方，然后勇敢地说："我也一直想去那里，哪天我们一起去吧，一起来实现梦想吧"。女性一般会很愉快地接受这种邀请。虽然不是立即行动，但这种共同感会让彼此的距离更近一些。并且通过这个话题，可以对彼此的兴趣点、知识背景了解不少。

（4）未来计划：这个话题比较适合在热恋期和谈婚论嫁期讨论。未来计划可以包括学业、工作以及生活方面的计划。比如彼此的大学专业，是否想深造；或者对于工作是否还有进一步计划；或者对于两个人的感情是否有组建家庭的愿望计划。在谈论计划的时候，注意倾听和思考，可以跟对方谈谈自己的想法和见解，或者类似的经历。这类话题可以表达出你对你们感情发展的期待，同时也表达了对他/她未来发展的关心。

（5）身边的好友：这个话题适合恋爱初期。也许你不认识他/她的朋友，但人们都会很乐意谈论朋友，包括交往的细节、朋友的性格等。聊天中要显示出你的兴趣，这也是了解他/她的好机会，更成为打入朋友圈的基础。想深入发展，就从了解他/她的朋友开始吧。

（6）业余爱好：发展恋爱关系的一个重要点就是开发共同点，而了解彼此的兴趣爱好是培养共同点的第一步。这个话题比较适合恋爱初期。比如可以问问对方平时喜欢做些什么，集邮、唱歌或跳舞？喜欢运动吗？喜欢听什么音乐？如果他/她对你不反感，会很乐意说出自己的兴趣爱好，尤其是擅长的方面。这也能为之后的约会安排做好铺垫。

（7）儿时的理想：这是一个有趣的话题，既轻松愉快，又能增进感情。不过，作为男性，别抢着话头不放，要让女士多说一说，她说得越高兴对你的印象就会越好。

小练习

请分析一下你和恋人所处的恋爱阶段，你觉得哪些话题是比较适合你们的呢？在谈论话题时，你会采用什么样的沟通态度呢？

点睛

男女交往时可以根据恋爱的不同阶段选择话题。总的原则是放松自己，做最真实的自己；话题应该是相互交流，而不是一人言谈。如果男女双方在谈论某一话题时感到不自在，可以暂时不提话题。

女人对男人常有哪些误解？

正视和尊重两性的差异，可使彼此更加尊重和信任，意识到个人的责任，知道如何满足对方的需要，让爱的味道更醇、更浓、更持久！

——约翰·格雷

小故事

爱琳的先生是个沉默的男人，他的理论是：“爱说话的男人靠不住”。甚至在婚礼上，司仪问他是否能够照顾新娘一生一世，他都用沉默来回答，弄得大家很尴尬。爱琳对此耿耿于怀，他却并不在意：“我说爱你一万年，你就信了吗，真是文艺腔！”他说爱琳不务实，小孩子气。随着相处时间越来越久，爱琳发现其实他内心深处对责任与义务是有要求的，并非自己起初担心的那样不承诺也不兑现承诺。

心理分析

误解1：男人对我不再那么深情热烈、浪漫如初了，他厌烦我了。

那些含蓄而内敛的男人，可能并非不爱自己的恋人，他们只是善于克制自己的情绪。男人从小就被规定和一切硬色调的玩具打交道，例如枪、汽车等，培养所谓的坚毅、冰冷的“男子汉”。什么是男子汉呢？社会标准就是不轻易流露感情，克制情绪。因此男人学会了沉默，宁愿去喝个烂醉或者拼命工作，也不愿轻易向人诉说生活的忧伤。但是，作为爱他的女人，应该帮助他释放情绪。在女人的印象中，对男人总是有或多或少的误解，比如他们不爱干净，比如他们都很好色，其实大部分男人都没有这些恶习。修正这个对男人的误解，可以让你更懂得如何爱他们！

误解2：男人追求女人最大的目的就是性。

的确，男人的最大秘密之一是内心特别渴望与爱人合二为一，而性爱正是这种心态的实际体现。好男人对女人的性欲并不是玩弄感情或者下半身思考，而是试图证实他与女人同舟共济、合为一体，性爱感情发展到一定程度的行为。

误解3：男人是视觉动物，女人的相貌决定一切。

窈窕淑女，君子好逑。走在路上男人会情不自禁看美女，但是这并非表明男人对女人一律以貌取人，看美女只不过是“视觉解痒”罢了。真正能进入到男人的情感世界、能打动男人的还是那些入心入脑的因素——女人的睿智、幽默感及善良等。

误解4：男人难以接受批评。

女人们普遍认为，男性很固执，于是担心因批评而冒犯他们。其实谁又会爱听批评呢？男人的固执更多时候是“面子”在作祟。事实上，选择一个恰当的时间，在两个人单独相处时，诚恳地用正面语言说出对男人的期待，男人是很容易接受意见的，尤其是当他的主导地位得到确认的时候。

误解5：女人比男人更脆弱、依赖性更强。

社会对性别的分工造就了这样的误解，普遍认为女人更脆弱，依赖性更强。然而日本一家心理研究机构证实，日本男性自杀人数高于女性，并且女性失恋或失去配偶后重新振作起来的速度也远远快于男性。男人对于另一半的态度常常是“我不需要你”、“没有你我也一样过”。然而事实上，他们这一态度是为了掩饰内心深处对对方的依赖。

小练习

1. 你在生活中有对男人的误解吗？或者作为男人，你又有过哪些被误解？

2. 请女人尝试着从行动上改变对男人的误解，请男人尝试着主动消除一些误解。

点睛

由于男女思维的不同，误解也就自然产生了。其实，无论是什么样的误解，最好的解决方案是平静地进行良好沟通。恋人之间误解的解除并不是靠讲“理”，而是靠讲“情”。只要讲感情，一些的误解都能慢慢化解，而且会成为增进了解、促进感情的动力。

如何为爱情增添“润滑剂”？

我一直默默地如此地爱着，我歌颂激情就是在歌颂你。我是你的爱人，永远的爱人。我是你用泥土和水做成的爱人，不管在夏天还是在冬天，我都会默默地——爱着你。

——佚名

小故事

大鹏和女友已经相恋两年了，从相爱到相知相守。最近女友却总是抱怨大鹏不够爱自己了，大鹏也感觉好像两个人之间没有了当初那些默契和心动，更多的是为一些繁琐的事情而不开心。大鹏和女友尝试着袒露心声，两个年轻人都发觉自己还是深爱对方的，只是在爱情这条道路上，他们需要一些东西来使自己的爱情升温、让他们的爱情更加滋润。

心理分析

爱情最开始就是感性的情感，当爱情慢慢回归到生活、理性时，很多磨合必将出现，用一些心理的技巧可以增添爱情的润滑：

(1) 爱他，就赞美他：美国心理学家马斯洛把人类的需要分为5个等级，即生理的需要、安全的需要、归属感和爱的需要、尊重的需要及自我实现的需要。其中，自我实现的需要包括人类本性中的自我认知欲（或称自我肯定欲望）。任何人都希望对自己做出增值评价，提高自尊心、自信心。但是自卖自夸是不够的，来自别人的承认及赞许才能真正地满足这种欲望。在爱情中，如果能细心地发现爱人每个独特的小优点，并且真诚地用言语和表情赞美出来，扩大优点、遗忘缺点，将能极大地满足爱人的自我认知欲望。爱人将更加肯定你就是懂得欣赏他/她的人、真正理解他/她的人。这将大大提升你们爱情的肯定程度。

（2）爱他，就请他帮个忙：在爱情中，除了无私的付出能够增加感情，提出小小的请求也能增加他/她对你的好感度。不过，尺寸一定要严格把握。

心理学家用实验证明了帮助与好感是相互联系的。实验前，告诉参加实验的人这是一个知识问答活动，正确回答问题可以拿到奖金，金额在60美分至3美元之间。实验中，真的让参加者得到奖金。但等实验结束时，实验执行人诚恳地向得奖人提出请求：“这次实验我用的是自己的钱，现在实验资金已经用完了，但我还要进行下面的实验，所以能不能请您归还奖金？”多数人接受请求并归还了奖金。此后的调查显示，接受并归还奖金的一部分人对执行人的好感度最高。而且归还3美元的人比归还60美分的人对执行人更具好感。

可见，提出一个小小的请求就能吸引爱人的注意并赢得好感，而且略带负担的请求更可增加好感度。因为帮助别人的人自己更快乐。当然不要有过分的请求让对方觉得无理取闹或者产生心理压力。

（3）爱他，就请让感性出来透透气：现代人的工作和生活压力都很大，很多时候的行为都是理性为主。而爱情是感性的，需要偶尔让理性放放假，让感性出来透透气。在爱人伤心难过时，或开心快乐时，或疲劳乏累时，请给他/她一个温暖的、开心的、抚慰的拥抱吧！一个无语的拥抱，可能比更多的言语来得更加真切、更加打动人心。这就是感性的力量。每天一个拥抱、一个温柔的眼神、一句体贴的关怀，可以让你们的爱情甜蜜如初。

小练习

对照上面的爱情润滑剂，你们的爱情中用上了哪些“润滑剂”呢？哪些“润滑剂”的效果更适合你们呢？把你们爱情中好用的“润滑剂”总结着写下来吧！

点睛

无论是爱情的初期，还是热恋期，又或者是平淡期，摩擦与碰撞都是不可避免的，这也是真实爱情所必需的。但没有“润滑剂”的爱情车轮可能晦涩难行，爱情也会逐渐变得寸步难行。只要找到了适合你们爱情车轮的“润滑剂”，定期使用，你们的爱情车轮将越转越滑，爱情也将越走越久！

PART THREE 第三章

恋爱急诊室

对方的沉默意味着什么?

形式上的静止，并不代表思考的停滞。

——《沉默是金》

小故事

阿玫与男友相恋两年，热恋时情意绵绵，颇有“只羡鸳鸯不羡仙”的感觉。但是，确立关系步入平常生活后，男友工作繁忙，每天回来都感觉很疲惫，谈恋爱时的那种生龙活虎的精力似乎不复存在了。往往吃过饭，上床看会儿电视就睡着了。打电话给他，他只会回答是与不是，也不太愿意多说话。两个人在一起时，更多也是沉默。虽然彼此都知道还爱对方，但却觉得在一起是煎熬。

心理分析

沉默其实代表着丰富的含义，不同含义的沉默有着不同的原因以及不同的破解方式。

(1) 有些沉默是逆反：恋人变得沉默寡言，问题并不一定在恋人身上。先看看自身是否存在话多的问题。当对方还没有来得及倾吐，已经被你抢先询问；对方本来想接你的话，却已经被你自问自答滔滔不绝地说了下去；对方想和你认真讨论什么，却总被你把话题拉扯到其他方面……最后，对方可能产生了“多话真令人厌烦”、

“跟他/她说话总是容易被曲解”、“我不要成为多话的人”的念头，从而有意无意克制了自己说话的欲望。因此，这种沉默虽然你不愿意看到，但其实是你一手造成的。而破解的方法很简单，就是多听少说，多提问少回答，多引导少灌输。

（2）有些沉默是抗议：在发生矛盾时，有些恋人往往用沉默来表示抗议。其实这是一种“冷战”，一方面是想表明自己的不满，另一方面还要体现自己的“面子”。其实“冷战”对恋情的损害程度比吵架更具杀伤力，会影响双方感情。沉默的恋人大多是缺乏温情，疏于细节，不愿意过多表达自己的真情实感，这是感情的大忌。因此，这种沉默是应该尽量避免的。破解此类沉默，需要恋人双方多创造交流感情的机会，如平时生活中，多安排一些娱乐活动，在放松中巩固恋人的关系。积极进行沟通、理解，适当转变彼此的观点，改善恋情的质量。尤其在恋情中，不应计较该谁主动、谁有面子。在恋人面前丢掉面子观念，热情和主动就是对爱人的尊重。

（3）沉默也可能是一种自我保护：恋人们在感情中会很小心，并尽可能避免暴露自己的弱点和可能对感情产生破坏的内容，例如对于过去的恋情、性等敏感话题，恋人们，尤其是男人，往往出于善意而沉默，这也是个人获得安全感的方法。同时，男性心理研究指出，男人的世界充满竞争，这就要求距离、假面具和算计。男人的生存面临着女人无法想象的残酷挑战，孤独在所难免，沉默也就成为他们自我保护的一种方法。要破解这种沉默，营造恋情的安全感很重要，即无条件地接纳他/她的弱点，用自己的真心来抚慰他/她。

（4）有些沉默意味分离：对方想分离，却不忍心或不敢直接表达，就会用沉默和距离来表达分离的意愿。此时，最直接的方式便是询问他/她沉默的含义，询问恋情是否还能继续。

小练习

1. 在恋情中，你或恋人有没有过沉默？沉默的含义是什么呢？
2. 面对恋爱中的“沉默”，你是如何积极应对的？

点睛

沉默不一定是金，也并不永远是美德。它是一种积蓄、待发的过程。它会在沉默者周围筑起一圈篱笆，让别人无法走近，造成不应有的误解。恋爱中的沉默，如果不处理，就有可能形成极大的隐患。因此，及时分析沉默原因，积极沟通，针对性地破解沉默，才能让恋情更顺利地发展。

恋人总黏着你怎么办？

恋人之间，须相惜如水。若像藤蔓，缠绵不决，早晚也会枯萎。

——佚名

小故事

雷军和女友恋爱一年多了，因为女友家在外地，所以恋爱后，她就把雷军当成亲人看待了。平时她很粘人，几乎每天都要查雷军的行踪，最多时一天会发一二十条短信，如果不回复她就会生气。雷军能理解她独自一人在外的孤独感，所以很迁就她，两个人感情一直很稳定。可是近来雷军突然觉得自己无法忍耐了，并慢慢对女友有了厌倦感，甚至怀念以前追求她的那种快乐。

心理分析

相恋的人在热恋时都希望能多与对方联系，多与对方在一起，都愿意紧紧地黏在一起。比如，总是第一个给他/她打电话，而且总是频繁地打。还比如，已经没有了自己的生活，想把自己时间的每一分钟都用来和恋人在一起，把自己的朋友们和爱好都搁置起来。

这样的黏人行为有人认为是爱的表现，但黏久了，就会像鸡肋，食之无味弃之可惜。黏人会使彼此缺少隐私空间，会被厌烦。因此，适当地保持距离，对爱情是有益的。

缺乏安全感是黏人行为的根源，不安全的恐惧感使人总是想时刻陪在另一个人的身边，使自己确信他/她还在身边；寸步不离，不给别人一丝机会乘虚而入，死守自己喜欢的人。无论黏人的是男人还是女人，他们除了和恋人热恋的那段时间外，其他时间很少会感到幸福与快乐。因为在热恋后，他们的恐惧、担心会多于享受、快乐。

被人黏有时会让人有种失去自由的感觉。其实就算是夫妻，保持各自一定的独立性也非常重要，更何况是恋人之间？如果让对方感觉交往后就没有了自由和快乐，便很容易产生厌倦情绪。因此，面对粘人的恋人，应当尽快将自己的情绪和感受坦率地告诉对方。可以把你对他/她的真诚感情告诉他/她，尽量给他/她一些心理安慰，减轻对方的不安全感，让其学会独立。也可以问问对方喜欢干什么，培养和鼓励对方去做一些自己感兴趣的事情，让其精神充实起来。如果只是一味地强迫自己体贴和迁就对方的粘人行为，厌倦心理会越来越严重，最后的结果可能就是一种——逃避。

对于黏人的人本身，他们往往是忽视自己的。其实，恋人应该要有自己的私人空间和自由，这样才不会快速丧失彼此的新鲜感。不要把自己的所有都托付或依赖在另一个人身上，那样对他不公平，对自己也不公平。要做时时刻刻都“有自己”的人！

热恋期的黏人行为是常有的现象，但在长期的恋爱中，双方可以含蓄一点，内心沉淀一点，用心去体会两人的爱。对对方要有信心，时时能替对方设想，不要太自私，让自己和对方都有一个相对独立的空间。正所谓：爱而不黏，甜而不腻，让爱能轻松地呼吸！

小练习

1. 你或者恋人属于黏人的人吗？对方有什么感受？

2. 你如何增加恋人或自己的信任感和安全感？

3. 除了恋爱，还可以有哪些独立的兴趣爱好？如何更好地进行自我探索？

点睛

在恋爱过程中，很多人都会不断成长。黏人可能是一种行为习惯，也可能是一种性格特点，但都是在恋爱中不够成熟、不够重视自己的表现。处理好对方对自己的“黏度”，解决好自己的黏人特点，就能在恋爱中收获和成长。

遇到三角恋怎么办？

三人行，必有我师；三剑客，必有一强；三角恋，必有一伤。

——佚名

小故事

男友和前女友分手后伤心欲绝，虹在那时走入了男友的世界。当时男友很伤心，但他表示会慢慢忘记那个女人，好好对虹。现在前女友后悔了，每天给他发短信、打电话，并把短信内容转给虹，向她炫耀他们的幸福。还向虹挑战说，一定要把男友抢回来。虹希望男友做出决定，但男友说他也不知道该怎么选择，他的心也很累。虹觉得好迷茫，难道三个人就这样一直纠结下去吗？

心理分析

随着交往方式的增多，三角恋在生活中越来越常见。有一部分是“我爱的人不爱我，不爱的人却爱上我”，还有多数三角恋是两个人爱上了同一个人，双方进行着执著的追求。

对于被追求者来说，同时有两个求爱者确实是幸福的，也表明此人是很有吸引力的。但需要尊重求爱者的感受和感情。如果自己已有的恋爱感情很深，那么在面对另一位优秀的求爱者时，是不应该轻率抛弃恋人的。在经历选择时，可以作一些回避，这种做法既让自己能够冷静下来认真思考和权衡，也让对方能够冷静下来。要冷静辨别，在对双方观念、能力、外在条件等方面进行比较后，尽早选择一个相对理想的作为恋爱对象。其结果可能是继续维持并更好地发展与已有恋人的恋爱关系，对后来者以礼貌、委婉而明确的回绝。也可能是觉得后来者更合意，那么也可以在先断绝与前者的恋爱关系后，再接受后来者的爱。避免自己陷入三角恋的深渊。

对于求爱者来说，竞争中要靠自己的人品、个人魅力和各方面素质上的优势来取胜，但也要尊重对方的择偶标准和判断标准。因为恋爱是双方互动，两情相悦的事情。不是只靠单方面努力，将自己的感受强加于人。尊重别人的感受和选择，才是真正的爱人和自爱。

失败的求爱者如果产生敌意和报复心理的话，对身心健康是极其不利的。应该从失败的恋爱中吸取经验，从中得到成长，尊重对方的选择，学习更多的爱和被爱的能力，调整选择恋爱对象的标准，充分地了解自己的需求，拓展自己的朋友圈。如此一来，将会有更大的选择空间来找寻适合自己的恋人。

还有少部分求爱者，抱着玩玩而已的想法进入三角恋。他们无视对方是否有恋人或者是否结婚，对竞争的兴趣远远大于对追求对象的兴趣。这类人在三角恋中努力扮演完美情人的角色，可是一旦赢得了竞争，三角恋变成两个人的恋爱以后，感情就崩塌了。这些玩玩而已的求爱者认为，爱情中三个人变成两个人，爱便没了味道。正因为是三角恋，谁也不愿意输在谁的手里，才有竞争的刺激。这种玩弄别人感情的三角恋，从道德层面上看是不道德的，从心理层面上看是内心有缺失，人格不完整。一个不懂尊重别人感情的人，也会是一个不珍惜自己感情生活的人。

小练习

1. 你或者身边朋友有没有遇到过三角恋的情况？你是如何看待的？

2. 你如何看待三角恋中的“竞争关系”，你会如何处理？

点睛

爱情的世界里只能有两个人，一旦对爱人真心付出，感情也就不可能投注到别人或者三角关系上。陷入到三角恋中的人，其实是对爱情犹豫不决的人。在这样的三角关系中，没有人不受伤，到最后都不会是赢家。用心判断，早日选择，才能让爱你的人和你爱的人都不会伤得那么深。

吵架真的会破坏感情吗？

永远不吵架的是什么人呢？只是客人。

——佚名

小故事

有一对夫妻，妻子是老师，丈夫是公务员，结婚接近十年，没有孩子。邻居说起来，住了十年，从没听这家人吵过架，也没见他们红过脸。如果这个世界上有最和睦的夫妇，那他们绝对就是。

按理说，这样的婚姻关系应该没问题了吧？但就在第十年的末尾，毫无预兆地两个人离婚了。大家都觉得很奇怪，但最终他们的一句话解开了谜底："永远不吵架的是什么人呢？只是客人。"

心理分析

无论关系多好的恋人，在长期交往中必然也有对立和羁绊的时候。两个人相处不可能不存在分歧，为了保持所谓的和谐，把对彼此的不满一直压抑下去，长期积累下来，必然会有一次大爆发。其实，有时候吵架并不是破坏感情，冷战比吵架更加可怕。

吵架的时候总会说出对对方的不满，那样可以让对方去改进。但吵架最忌讳的就是把陈年往事都搬到台面上来细数，这样一来，那些不满就会像堆山一样一点一点地往上堆。适当的吵架，尤其是用幽默感化解两个人的不良情绪，会让两个人关系更加亲密稳固。

但是不得不承认，在实际生活中，很多爱人在争吵后很难用温柔的方式与对方接触。口角战争很容易升级，导致恶言相向，甚至发展到肢体攻击。问题在于对立后如何解决，此时需要双方具有调整思维差异的能力。

心理学家的调查结果说明，对立后的解决方式非常重要。争吵发生后仍然能维持良好关系的恋人，不会互相责怪，而是用温柔的态度与对方接触。成功的恋人至少以5∶1的比例使乐观性的相互作用（微笑、接触、夸奖对方）多于否定性的相互作用（讽刺、持反对意见、侮辱）。最初的争吵已将事情恶化得无法收拾，为了不长时间持续争吵，5∶1的原则和保持正面接触的思想非常重要。

小练习

当你和爱人发生争吵时，请尝试做到以下几点，这样争吵才不会伤感情，才会变得有意义：

（1）选择在合适的时间和地点讨论，而不是对方感觉疲惫、沮丧或专注于其他事情时，更不要在第三方面前吵架。

（2）给对方一个彼此妥协的时间，不要一味地争吵数小时。

（3）轮流倾听彼此内心的话语，学会“先听后讲”，一定请你在确认自己已经“听到”、“听完”、“听懂”之后再发言。

（4）吵架应该“讲情”而不是“讲理”。争理的过程会伤情，讲理会有输赢，但在感情上双方都是输家。只有“讲情”，点到为止，夫妻才能双赢。

（5）表达时尽量留有余地，用尊重对方的语言，而不是责备的语言。多用“我”字，尽量避免出现“你”，这样可以把谈话聚焦在自己的感受上，而不容易伤害到对方。

（6）想让对方改进的地方，要用积极的要求表达。例如，当希望对方不要使用一种“不良行为”时，最好可以告诉对方，什么样的行为有利于感情，比如“如果你现在跟我道歉，我会觉得舒服许多”。

点睛

最终幸福地共度一生的夫妻，没有不发生争吵的，关键是要做到争吵及不愉快的情况出现后，采用和谐、温柔的方式解决。这样不但不会伤及两个人的关系，还有可能增进两个人的亲密度，为两个人的爱情升温。

父母反对的恋情要不要继续?

当出现干扰恋爱双方爱情关系的外在力量时，恋爱双方的情感反而会加强，恋爱关系也因此更加牢固。

——《罗密欧与朱丽叶效应》

小故事

阿冰和男友恋爱7年了，父母一直反对，男友也只来过阿冰家一次。父母认为男友不能在经济上给阿冰一个稳定的未来，而男友也一直没有主动与阿冰父母沟通，这一点阿冰对男友是有意见的。但父母的态度也太专横了，导致现在阿冰和父母形成了僵持状态。阿冰很难受，一方面不能忽略父母的感受，一方面又和男友很相爱，不愿和他分手。

心理分析

当陷入一段恋情，并且这段恋情不被父母看好，甚至受到反对时，恋人们矛盾和复杂的心情可想而知，并可能产生“罗密欧与朱丽叶效应”。认知失调理论认为，当人们被迫做出某种选择时，人们对这种选择会产生高度的心理抗拒，而这种心态会促使人们做出相反的选择，并实际上增加对自己所选择对象的喜欢。

同时，从个人的心理发育阶段来看，进入恋爱、婚姻阶段的年轻人往往有极强的叛逆心理和分离心理，希望通过恋爱中亲密关系的建立完成与父母心理上的进一步分离。如果这个时候父母横加干涉，无论原因是什么，大多数都会换来更强烈的对立，甚至会加速巩固这段亲密关系。

其实，父母的建议有很多都很有价值。恋爱是两个人的事，婚姻却是两个家庭的事。父母都是从子女的角度出发，从现实考虑，所以很有参考价值。

当今社会的离婚率不断升高，让恋爱和婚姻以极其现实的姿态呈现。大多父母为了儿女有更好的未来而反对他们不看好的恋情，考虑的大多是经济基础、门当户对、距离远近等。儿女们应该尽量多听取父母的意见，在恋爱和面对婚姻时考虑得尽可能周全。

如果两个人真心相爱，并且有共同的生活目标，都确定要向一个方向努力，那么面对父母的反对，可以尝试与父母进行沟通。沟通是解决问题的最好办法。但是良好的沟通却不太容易做到，不同的沟通问题，不同的沟通对象，都使沟通变得独特和个性化。一方面，在沟通前需要了解父母的脾气性格；另一方面，也要认真地思考父母反对的真实原因。在沟通中，有一点是普遍适用的，即以成熟的态度、平静的心情跟父母沟通，并且表明愿意做得更好。

这样的沟通能让父母感觉到儿女的成熟，有自己独立思考和面对问题的行为模式，或许他们还会因此觉得是爱情让你成熟了，是那个他们反对的人在儿女身上发挥了积极的作用。并且，儿女表现得越成熟，父母就越不能把儿女当小孩子看，更不能强加决定。这其实是在创造一个跟父母平等对话的机会。最后，要让父母感受到儿女对这份恋情的认真，以及有坚定和积极的信念。这才能让父母对儿女的未来感到放心。

小练习

1. 你和恋人的感情遇到过父母的反对吗？你们是如何处理的？现在回想起来，可以有哪些更好的处理方式？

2. 父母的反对意见中哪些部分直指你们的问题，却是可以接受的？哪些部分是不可以接受的？为什么？你是如何进行权衡的？

点睛

经历过重重阻力和考验的爱情，不一定能抵得住平凡生活的冲击。当爱情的阻力消失时，也许曾经苦恋的两个人反而失去了相爱的力量。所以决定恋情是否要继续，应该尽量使自己排除外界的干扰，用心去了解和观察对方是否是合适自己的人，用心去衡量对方与自己是否有共同的生活目标，是否都愿意为之付诸努力。这样的恋情才能长久和幸福。

为什么喜欢年纪大的恋人？

父母是儿女成长过程中的第一个“情人”，这个“情人”常常给儿女以榜样和力量。

——西格蒙德·弗洛伊德

小故事

英子23岁，强子41岁。英子只在高中时交过一个男友，相处了一年就因为毕业而分手。大二时她去帮朋友拍一个生日视频，强子是朋友的老师，也是被拍摄对象之一。之后，强子主动追求英子。英子说，她从强子那里感受到的是一种成熟的、被尊重的爱。其他同学的小男友总是不停地发短信、打电话，有时候不惜耽误女朋友的学习和工作，强子却每次约会都会事先询问英子的时间安排。强子能帮助英子解决很多人生疑惑。比如，在英子选择职业时，强子帮她指明了方向；身为资深编辑，强子还动用自己的人脉和经验，无论是在精神上还是物质上，都尽力协助年轻的英子追逐理想。英子说，强子求婚时用的一句台词是：“我可以嫁给你吗？”这句话既简单又幽默，还很体贴，让她相当感动。英子觉得强子在她的人生中，扮演着不可或缺的重要角色，“他不仅是老公，更是导师”。

心理分析

俗话说：“女大三，抱金砖。”无论国内还是国际，无论是娱乐圈还是平民老百姓，“姐弟恋”、“大叔控”越来越普遍。一项俄罗斯研究中心的社会学调查发现，大约三分之一的男性代表认定30岁左右的女人最招人喜欢，还有一部分也喜欢36~40岁的女人；女人则比较喜欢35~40岁的男人。我国某婚恋观调研报告显示，18~25岁之间的女性，70%有“大叔控”情结。

对于男人来说，恋爱中需要一个能交流的对象，年纪小的女孩更多关心时尚，而成熟女性更能与男人聊事业与人生，在约会中与男人能有更多的交叉点。其实，每个男人的心里都住着一个“男孩”，在激烈的社会竞争中，男人不得不表现出坚强的一面。但是，弗洛伊德认为多数男人有恋母情结，男人更愿意回到家的时候能做一个被人照顾的“男孩”，在为她提供宽阔肩膀的同时，他也需要一个温暖的港湾。所以，尽管是男人怀抱着女人，却是女人的母性温暖了男人。而姐姐们相对成熟，做事得体大方，知道进退，对年轻恋人会更体贴温柔。所以和姐姐型的她在一起，男人会更有安全感，心里更踏实。

恋爱也是相互学习的过程。成熟女人比年纪小的女孩更关心事业与人生，更有生活阅历，思想活跃，有活力，知道男人所需所想，懂得品味人生。当男人左右为难时，姐姐们也能提供更好的建议和观点，成为男人的贤内助。并且姐姐们在年龄上不具有优势，时刻有危机感，会不断地充实提升自己，最大限度地投身到家庭建设中。因此，无论是从事业发展还是家庭建设，许多男人都喜欢姐姐型女友。

“大叔控”的女性认为，“大叔”也不算太老，工作上一般都安定顺利，有固定的生活观，已经是有出息的男人了。“男人四十一枝花”，他们可能在经济能力、生存能力等方面都会是女性眼中的英雄式人物。40 多岁的男人开始明白女人，他们更加的成熟、隐忍。当女性陷入与同龄异性之间的失恋或情伤事件时，她们会认为“大叔”对待感情更沉稳，更怜香惜玉，更有安全感。弗洛伊德曾定义了一种“恋父情结”，可能是“大叔控”的根源之一。不过，需要提醒的是：一些“花花大少”或者“感情白纸”是“伪大叔”，或者处于结婚压力中的大叔，很可能只是为了完成结婚任务，全无真爱可言。

小练习

1. 你与恋人的年龄相差几岁？你是属于年纪大的一方吗？

2. 回顾你们的恋情发展，你有没有做到文中提到的几点呢？请举例。这能帮助你提高你的心理年龄。

点睛

恋爱中的生理年龄差距并不是最重要的，恋情发展与心理年龄有更大关系。往往“大叔”和“姐姐”在心理年龄上更胜一筹。因此，无论你与恋人的年龄差距是多少，努力提高自己的心理年龄吧，让你们的恋情不会因为彼此的不成熟而留有遗憾，让彼此在恋情中互助成长！

异性之间存在友情吗？

当我们懵懂地懂得爱情后，不管在哪个年纪，魔力搅乱男女的心，使得纯真友谊极其珍贵。因为纯真容不进杂念，否则纯真就会有苦涩的怪味。

——《纯真友谊》

小故事

晓晓在单位有一个特别好的异性朋友，有困难或者伤心时会找他帮忙、向他倾诉，而他有困难或不如意时，晓晓也会帮助他。两个人有时一起去吃饭，一起出去玩。但可能同事感觉他们走得太近了，经常拿晓晓和他开玩笑。不过晓晓并不太在意，她觉得身正不怕影子歪，并且很珍惜和他的这段友谊。但晓晓不太确定他是不是也这么认为呢？

心理分析

真挚的友谊总是伴随着理解和关怀的感动，相遇和相知的喜悦。尤其是异性的友谊，非常引人入胜。这种朋友，你可以和他开各种深浅不一的玩笑，甚至说“我喜欢你，我想你”，都不必担心他/她会真的成为你的情人，让你受到一丝一毫的伤害；你可以把自己所有的心里话都说给他/她听，甚至是夫妻之间、情人之间都无法表达的心里的秘密。而这时候的他/她，就是一个最好的听众，一个最好的咨询专家，为你解除心底的迷惑和痛苦。而你对他/她不会有像情人那样一日不见如隔三秋的相思，但也会时时从心底扯出一丝丝牵挂，从而温暖你的心。不管有多长时间没见，都会有一种最亲、最近的感觉，都会让你有一股温馨的暖意在心中升起。正因为异性友谊的美好，因此人们更愿意承认异性至今存在纯粹的友谊。

对于异性友谊的争论很多。很多人认为男女之间不会存在这种纯洁的友谊。但也有不少人认为有这种情感，只不过比较真挚、高贵，所以并不多。而在这两种看法中，持第一种看法的以男性居多，持第二种看法的则以女性居多。从最新研究结果看，女人有可能对男人有纯粹友谊，但男人很少这样想。因为女人是从恋爱和进入婚姻之后，才开始成长，才开始了解男人和性的。而性的念头对于男人来说几乎是须臾不离。这一点，男人与女人截然不同。

一项研究的研究人员挑选了 88 对大学生异性朋友参加了一项科学实验。研究结果显示，男性更容易喜欢上女性朋友，也更容易觉得女性朋友喜欢他们。这其实是一种错觉，因为男性会假设自己体会到的所有浪漫吸引之情都是相互的，完全不知道异性朋友对自己到底有多大好感。而女性通常对自己的异性朋友没有交往意向，她们也会假定对方也不喜欢自己。结果，男性一直会高估异性对自己的好感，而女性则恰恰相反。

所以，异性间的友谊难以存在。异性友谊只需稍稍向前，便成为敏感的周围人群捕捉到的所谓的爱。

小练习

你有没有异性朋友呢？你对上述异性友谊的研究结果有何看法？你是怎样看待异性友谊这个问题的？

点睛

“高山流水遇知音”，真正的异性友谊需要真正有心胸的人才能把握。当然，如果即便最终都发展成爱，也无须大惊小怪。

我们要"试婚"吗？

试婚：不存在法律承认的婚姻关系的男女双方，为了验证彼此婚姻关系的可能性，尝试在一起共同生活，它是一种类似婚姻的生活状态。

——朱旭红

小故事

婷婷性格外向、聪颖秀丽、快乐活泼，人称"小燕子"。但最近一段时间她像换了一个人似的，变得忧郁起来。原来，早在一年前，她经不起男友的央求，与男友开始试婚，当时说好试婚后今年情人节结婚。不料，现在男友变卦了，不想结婚，借口是"这样过也挺好，再继续试试"。而这期间，婷婷已经为男友流产一次。婷婷不明白，本来"试婚"是为婚姻做准备，怎么越试离婚姻越远了？

心理分析

高离婚率已成为当代中国的一个社会现象，但人们对美好婚姻的向往依然存在。这样，人们势必会在构建美好的同时又尝试着避免不幸，想在婚姻关系还没有建立的时候，先考察美好婚姻能否建立。于是，"试婚"就成为"实战考察"式的一种婚前确证。试婚者认为，如果试婚成功，就可能意味着婚姻会成功；如果失败，则可以减少离婚带来的很多不幸和压力。

从积极的角度看，试婚可以让双方希望一些婚后才能发现的矛盾提前得以暴露，对双方个性的磨合甚至性生活的和谐都能有所帮助。不过，根据美国和澳大利亚权威的离婚统计调查，试婚者的离婚率是远高于非试婚者的。因为认同试婚的人，其内心同时也是认同离婚的，对婚姻缺乏坚定和持久的信仰。婚姻不是买卖商品存在试用期，可以不满意退货的。抱有“试”的想法，本身对婚姻就不负责任。

试婚由于没有法律依据，导致双方没有更多的责任心，产生争端后更难解决。失败的试婚可能会导致进一步丧失对婚姻的信心，因而有可能拒绝婚姻。与婚姻相比，试婚的失败也存在代价，这个代价甚至不亚于离婚。尤其是对于女性而言，一些权益更难以得到维护和保障。

试婚除了没有法律保障这一条外，其他基本上等同于结婚。一旦分手，无异于离婚，内心的阴影与压力会在很长时间内挥之不去。更有甚者，一部分人试婚动机不纯，一些男性打着试婚的幌子，却是为了将性关系定期化。

试婚不是考察美好婚姻的最佳途径。恋爱一样也可以充分了解对方，把握将来的幸福。如果没有爱情，试婚也带不来幸福的婚姻。想要步入婚姻殿堂的人，应该通过观察对方处理不同事务时所表现出来的方式、态度，尽可能多地了解与认识对方。另外，彼此的兴趣爱好以及对对方不同生活方式的容忍程度也可以成为衡量标准。总之，只有真诚和理解才是婚姻的真正基础。

小练习

1. 你或恋人有过试婚的念头吗？你们试婚的动机是什么？

2. 如果你和爱人试婚，你觉得最坏的结果是什么，你如何面对这个可能的结果？

点睛

婚姻是人生大事，人们有试婚的权利和资格。但是对于不同的人，由于性格、观念、心态、感情等因素的不同，试婚会有不同的结果，对于结果的承受力也各有不同。试婚，应该慎之又慎。

当爱走到终点，如何分手？

面对面地提出分手总是很难的，但缺乏社交技巧会令分手更难。

——克利福德·纳斯

小故事

启恒与女友恋爱3年，但始终觉得对她没有那种“爱”的感觉，也许一开始有冲动的感觉，现在却越来越归于平淡。她没有什么大的毛病，但很爱生气，对启恒的方方面面都不满意，没事就数落。启恒觉得生活得很累，平时能逃避就逃避。好几次想趁吵架分手，但是她又非常妥协，哭着不愿分手，事后却依然故我。启恒觉得如果要一辈子这么过，会很难受。想解脱，但又不忍伤害她。他希望她找一个适合她的人，幸福美满地生活下去。他认为自己不是那个合适她的人。但是该怎么分手啊！

心理分析

分手的难点在于既要明确结束，又不伤害双方自尊。因此，分手需要一些技巧。

（1）敢爱，也要敢分：生活中有些人经历过几段恋情，却从来没有主动提过分手。一些人是因为胆怯，更多是因为推卸分手的压力。他们会想办法刺激恋人，迫使对方提出分手。这样造成的结果可能是你如愿分手，但对恋人来说，他/她不清楚是什么原因分手，会更多地归因于自己没有价值或者怀疑爱情的忠诚等，影响未来的恋情观念。这种推卸压力的分手方式其实是狡猾的小人行径。敢爱，为什么不敢分？

（2）要分，要当面分：虽然结局都是分手，但是通过短信或者电话形式的分手，看似可以减轻提出分手的人的压力，或者本人会以为没那么残忍，其实对于被分手的人来说，他/她需要的不仅仅是一个结果。芝加哥大学神经科学家卡西奥普研究发现，缺少直接的接触，失恋就会特别痛。当面的交流在分手时能起到安抚的作用。交流中的非语言信息能让他/她知道自己实际上还是值得爱的，例如拍拍对方的手臂说：“你是一个很好的人，只是我们不适合”。除见面外的任何分手方式都意味着：“你无足轻重”。

（3）维护尊严地提分手：维护了恋人的尊严，也就是维护了自己的尊严。心理学家鲍美斯特建议，分手最好说“你不是我要找的人”，表达既清楚，又不会暗示是对方有缺点或者犯错。应该给恋人一个坦诚的不能继续的理由，而不是把对方的缺点一一指出。也可以提及共度的美好时光，并表达你们无法继续的遗憾，这样可以提升他/她的内在价值感。

（4）分阶段地实施分手：毫无前兆地提出分手会让对方反应过激，喋喋不休地争论，导致吵架。分阶段性的分手能缓和反应过激，例如可以先借口出差等分隔一段时间，隔几天再联系一次，让他/她慢慢适应没有你的生活，并通过暗示对接下来的事情做好心理准备。给自己一个缓冲的时间，给他/她一个接受的过程。

（5）切莫“以后还可做朋友”：对于被分手的人来说，加快情感愈合的最好方法，就是接受“这段关系已经结束”这一事实。因此，分手后在短时间内不要再有任何联系。

小练习

你有过分手的经历吗？现在回想起来，当时有没有什么遗憾？有没有给你或对方造成什么伤害？如果没有伤害，你们是如何做到的呢？如果再次面临分手，你会如何应用上述的分手技巧？

点睛

当一段感情注定要成为双方永恒的回忆，能否请你使用一些分手的技巧，让曾经的爱人更快走出阴影，继续生活下去，去追求新的爱情。同时，也让这段恋情有一个美好的回忆。

分手后还能做朋友吗？

我们说好决不放开相互牵的手，可现实说过有爱还不够；走到分岔的路口，你向左我向右，我们都倔强地不曾回头，我们说好就算分开一样做朋友。

——《我们说好的》

小故事

阿炳和女友分手一段时间了，一直很痛苦。刚听说女友有了新的男友，他理智上知道应该祝福前女友，感情上却还放不下回忆。甚至会很羡慕电视剧里的情景，觉得男女主人公分手后还做很好的朋友，相处比婚姻里还要融洽，甚至也能和她的新男友友好相处。但是他不知道这在现实中能不能存在，他和她分手后还能做朋友吗？

心理分析

很多人说，分手后不可能做朋友，因为曾经伤害过；也不可能做敌人，因为曾经深爱过。朋友和情人是两种不同的交往方式，是有定式的，除非原来相爱得不深，没有完全进入爱人的交往定式，否则，当你与他/她靠近时，原来那种相处的定式就会不停地回来考验你们。

还有一些人，是因为痛苦无法接受分手，试图以“做朋友”的要求来祈求复合的机会。但是已经有研究证实，对于失恋的人来说，加快情感愈合的方法就是接受这段关系已经结束。美国人类学家海伦费舍尔通过功能性磁共振研究发现，在分手初期，每个失恋者的反应正如戒毒者、戒烟者的戒断症状，即在最初的数天到数月内，只要一想曾经的恋人，大脑中与爱恋有关的中脑腹侧背盖区，与渴望和成瘾有关的伏核、眶额叶和前额叶皮质，与痛楚和忧伤有关的岛叶皮质和前扣带都会兴奋起来。而这种戒断症状会随着时间逐渐消退，逐渐康复。但这种康复的过程是脆弱的，一旦发生回心转意的事情，就会重新“上瘾”，例如突然收到对方的电子邮件。

心理学家建议，分手后痛苦是必然的，为了加快康复，双方不应该再进行任何接触，包括通信和打电话；提出分手方不要因为愧疚或者为了缓冲对对方的心理打击就提出分手后做朋友，因为这可能误导对方以为日后还有机会复合，结果阻碍对方开始新的正常的感情生活。

当然，现实中也有分手后做朋友的人。不过，一般满足了以下3个条件：

（1）和平分手：不是因为背叛或者矛盾未解而怨恨分手，和平分手中双方受伤较小，更多是一种无奈和遗憾。而做朋友恰恰可以弥补遗憾。但是首先要双方各自平复感情伤痛以后，才有可能做朋友。

（2）放弃和对方继续做情侣的可能性：男女纯粹友谊实属不易，若友谊还有暧昧的打算，关系就变得尴尬，不能长久。从严格意义上讲这段时间不算朋友，而是成为恋人前的一个过渡阶段。

（3）性格上有很多相似性：这也是友情开始的基础条件，这让双方沟通更加顺畅和愉快。但是往往很多情侣由于性格不合而分手，因此友谊也很难。

小练习

1. 你和他/她有符合分手后成为朋友的条件吗？

2. 如果是你提出要做朋友，你深入思考过这样做的目的是什么吗？如果是他/她提出做朋友，请你分析原因会是什么呢？

点睛

你愿意分手后做朋友吗？如果你还想挽回，那么也可以答应把这段时间作为一个过渡阶段，但伤痛肯定是伴随着的；如果你要真想做朋友，那可要想清楚你准备好了没有哦！

失恋等不等于失败?

失恋绝对不是因为你不够好，只是你们彼此并非对方的最爱，最渴望的对象而已！

——佚名

小故事

阿俊工作比较稳定，去年认识了一个同乡女孩。通过接触，阿俊对她很有好感，交往后两个人发展得很好。可有一天，她突然将阿俊送的礼物还了回去，说她选择了一个博士男孩。阿俊不明白，虽然自己学历只有本科，但人品、素质不错，而且愿意给她一生的爱。难道这不是一个女孩所希望得到的吗？难道博士就一定可以给她幸福吗？经历这次打击，阿俊觉得自己很失败。

心理分析

失恋确实是一件让人心痛的事情，尤其是对于曾经深深相爱的人来说。分手后，一个人是积极走出阴影，还是一直沉浸在痛苦之中怀疑爱情、怀疑自己，很大程度上取决于他对自己的看法。加州大学的一项研究发现，低自尊和高自尊的人失恋后会有不同的行为和观念。

低自尊的人在失恋后会想不开，往往责怪自己，抱怨对方。他们体内的应激激素水平急剧升高，分手后即使与新的恋人交往，也难以再打开自己的心扉。

高自尊的人也会有失恋的痛苦，但不会把分手的责任都怪自己，能够看到分手积极的一面，例如“人都会站在自己的立场来选择伴侣，失恋是因为自己所拥有的特点不被对方重视，并不是自己很失败”。他们会通过上一段恋情来反省自己的不足，认清自己的需要等等。这些抗打击能力强的人，多数都是乐天派，幼年家庭幸福，内心动力十足。

该如何用积极的态度看待失恋呢？

第一，结束一段长期的恋情，经历一段哀伤期是必要的。心理学家波特曼称：“越早面对痛苦，痛苦就越早消失。”

第二，假若一方觉得忍受不了，或再交往下去也没有意思，这种失恋其实是各自回到原点，不在于谁对谁错，更无关谁好谁坏，更不是一种失败。

第三，爱容易把对方神化，感觉只有对方才是唯一。但实际并非如此，真正的伴侣还在某处等待你。

第四，失恋只是一次生命的体验，仅是特定的你和他/她的一个体验，无法把它推而广之到“爱情真伪”、“个人成败”的定性上去。失恋后的自信重建非常重要，它将影响以后的感情生活。

第五，失恋也可以让你把更多的时间精力投入到自己喜欢的事情上，比如事业、兴趣爱好或者夙愿等。

最后一点，失恋给人最大的伤害是“自我价值的失落”，尤其是被对方无情地遗弃更是致命的伤害。要想尽快疗伤，最好的选择是回家重新体验亲情的滋润，用亲情来融化被遗弃的心灵，让亲友的温暖抵御外在的创伤，恢复力量，再次站起来。

小练习

1. 你有过失恋的经历吗？你如何看待失恋呢？
2. 从现在开始，你可以有哪些积极的态度来看待失恋？

点睛

许多事情总是在经历过后才会懂得。一如感情，在得到与失去中慢慢地认识自己。失恋不是失败，能帮助人们看清楚什么是自己最想要的，什么是最恐惧的。当拥有这样一双“慧眼”后，就能更容易找到对的人，并且明白应该怎样去爱！

PART FOUR 第四章

我们结婚吧

结婚前应该知道哪些事？

现代人婚姻危机爆发的时间正在缩短，“七年之痒”已经被“三年故障”代替。当初可以视为无害的甚至是插曲式的小争执，在第三年却会演变成大冲突。

——《自说自话》

小故事

叶子与男友恋爱的时候，她从没提起婚后对金钱的看法，因为她觉得谈钱很伤和气。她觉得婚后丈夫会将工资卡交给自己，这是最理所当然的一种做法。可是结婚后，丈夫不仅财务保密，还责怪叶子乱花钱，两个人经常会为谁付月供、要给父母多少钱而吵架。叶子说：“只要一谈到钱，他就像变了一个人。”

心理分析

与其问“和你妈妈同时落水你救谁”，不如参考美国的婚姻专家列出婚前必问的15个问题，技术性地帮助你婚前排查婚姻隐患。

（1）我们要不要孩子？如果要，主要由谁负责？（有研究发现第一个孩子的出生会增加夫妻的矛盾冲突，包括家务分配、孩子照顾、教育观念等问题。在婚前探讨清楚，有助于减少之后的矛盾。）

（2）我们的赚钱能力及目标是什么？消费观和储蓄观会不会发

生冲突？（了解他对金钱的态度以及婚后如何分配自己的存款——一个人对钱的看法反映的是他的本质。）

（3）我们的家庭如何维持？由谁来掌握可能出现的风险？

（4）我们有没有详尽地交换过双方的疾病史？包括精神上的。

（5）我们父母的态度有没有达到我们的预期？会不会给足够的祝福？如果没有，我们如何面对？

（6）我们有没有自然、坦诚地说出自己的性需求、性偏好及恐惧？（性爱是婚姻裂隙最好的黏合剂，性爱会随着走入婚姻变得越发重要，坦诚地说出性问题是非常重要的。）

（7）卧室能放电视吗？（很多时候，生活习惯、细小的问题都可能会引发矛盾，在婚前了解清楚彼此的生活习惯很重要。）

（8）我们真的能倾听对方诉说，并公平对待对方的想法和抱怨吗？（婚姻中的沟通是增进夫妻感情的一大技巧。在婚前树立健康的沟通模式，可以为婚姻的健康发展奠定良好基础。）

（9）我们清晰地了解对方的精神需求吗？讨论过孩子将来的教育模式吗？

（10）我们喜欢并尊重对方的朋友吗？（人以群分，朋友就是我们的镜子。单独相处你只了解他/她在恋爱中的状态。他/她与朋友的相处，以及朋友的状态，才是他生活中真实的状态。）

（11）能不能看重并尊敬对方父母？有没有考虑到父母可能会干涉我们的关系？（2010年北京的离婚率是39%，而80后的离婚率是42%，且他们大多都是父母陪着来办离婚。父母们有钱、有“闲”、有精力，而儿女又缺乏独立精神，那两个人的婚姻就会变成两个家庭的事情。）

（12）我的家族最让你心烦的事情是什么？（结婚是两个家庭的事情，尤其对于独生子女来说，子女的婚姻是两个家庭都共同关注的。因此有必要提前沟通好彼此对家庭的态度，做好家庭工作。）

（13）我们永远不会因为婚姻放弃的东西是什么？

（14）如果我们中的一人需要离开家乡陪同另一人到外地工作，做得到吗？

（15）我们是不是充满信心面对任何挑战使婚姻一直往前走？

小练习

请尝试着与你的恋人真诚的讨论以上 15 个问题，有何感受？

点睛

婚姻是人生大事，不管和谁走入婚姻，彼此都希望长久，因此更要谨慎考虑。以上 15 个问题看上去是小事，但是这些内容却是婚姻的关键所在。

恋爱多久结婚才好？

人的情感冲动期不会超过36个月，一旦进入亲情期，再结婚可能幸福感会减少。

——张怡筠

小故事

作为一名年近三十的“恨嫁女”，糖糖坦言自己现在还单身的原因是因为和前任男友马拉松式恋爱。“我们上大学时就在一起了，交往了6年。刚恋爱时恨不得一毕业就结婚，可毕业后却没有了想嫁给他的感觉。可能是交往太久，爱情已经变成了亲情、友情。把很多矛盾变成了‘习惯’，反而对对方失去了依恋感。”和前男友分手后，糖糖对婚姻有了新感悟：“坚决不再马拉松，两年足够让一份感情成熟。”

心理分析

婚姻是庄严而谨慎的，恋爱阶段正是男人女人的“试用期”。在试用期里，可以考验一下你们是否真心相爱，是否经得住考验，性格是否合适等。如果发现不合适了就提前终止，避免不幸福婚姻的发生。“试用期”要多久呢？

国内某婚恋网站曾就“恋爱多久适合结婚”这个问题提问了其

1700万单身会员。结果有43%的网友认为恋爱半年到一年内结婚最好，约32%的人支持恋爱一年到两年内结婚，而支持恋爱两年以上结婚的人仅为7%。

有人认为恋爱一年半载结婚，毕竟那还属于爱情最甜蜜的时刻，也能判断双方是否真心相爱。但是心理学上认为，恋爱18个月以内是迷恋期，也是爱情最浪漫的时期。这段时间，对方都是彼此心中幻想的梦中情人，看到的并不是最真实的对方，彼此也会极力维持好的形象，忍让、迁就对方。过了迷恋期，就开始进入权力较劲期，两个人都在柴米油盐的琐碎生活中“原形毕露”，彼此看不习惯对方的生活方式和习惯，总想极力改变对方，于是互相较劲，争吵不断。所以，如果在18个月之内就结婚，就很可能出现闪婚闪离的结果。

有人说恋爱4~5年后结婚，经过共同打拼，两个人已经具备了结婚的经济基础。而恋爱4~5年结婚的人，由于长期的交往让彼此很熟悉，两个人独立的空间比较少，婚后如果一方想要一些独立空间，想重新找回自我的话，就很容易引起另一半的误解而发生争吵。再加上审美疲劳，很容易演变成离婚。

5年以上的马拉松式恋爱，双方往往是因为年纪实在熬不住了，抱着一种“食之无味，弃之可惜”的心态结婚，所以婚姻的幸福感并不高。无论是分手还是离婚，对女方的打击和伤害都是很大的。马拉松式恋爱投资过大，并不是明智的选择。

国外心理学家研究表明，恋爱18~36个月结婚，天长地久的几率最高。英国对处在恋爱关系中的2000名英国成人进行调查发现，到36个月时两个人的感情压力水平会达到顶峰。因为爱情能使人体内的荷尔蒙水平升高，而达到最高值是在恋爱后的18~36个月，此时结婚的人，婚后仍有恋爱的感觉，而且生活习惯、个人弊病等能逐渐接受和相互适应，这为未来两个人的婚姻生活奠定了比较好的基石，因此婚姻的幸福感也较高。

小练习

1. 你和恋人相恋多久了？若将感情浓度从0~10分划分的话，现在可以得几分？热恋时的感情浓度可以得几分？

2. 你对恋人的脾气禀性、生活习惯、思维方式等了解到什么程度？能否适应？

点睛

“恋爱多久结婚”并没有定论，主要还是看恋爱的双方，结婚后是否幸福更要看双方。只要两人是真心相爱的，并在生活中能够相互迁就，那么不管恋爱多久，都能拥有幸福的婚姻。

为什么会出现“恐婚族”?

城里的人想出去，城外的人想进来，婚姻大抵如此。

——钱钟书

小故事

欣慧今年28岁，与男友相恋3年，感情稳固，结婚已是顺理成章。双方父母择日聚首，在亲切愉快的一次晚宴中决定了婚礼的日期。然而整个过程里欣慧没有半点兴奋，反而有些茫然，仿佛大家讨论的是一场别人的婚礼，完全与自己无关。当男友向她征询相关婚礼细节时，她有些不知所措，心慌意乱，甚至有大哭一场的念头。她自问与男友的感情一直相安无事，婚姻也是她期望的圆满结局，但这个结局如期而至时，她却不知如何面对。优秀体贴的丈夫，通情达理的公婆，安逸舒适的生活……未来的一切都无可置疑，却反而变成了心底的一场豪赌。妻子这个角色突如其来地成为欣慧生活里最高难度的挑战，她害怕自己没有必胜的砝码可以将幸福进行到底，她质疑爱情经得起生活的磨难与考验吗?

心理分析

恐婚情结是由于婚前婚后所面临的角度转换，生活方式的反差，致使一部分人即将步入婚姻殿堂时，对自己的未来人生状况产生一种捉摸不定、莫名其妙的忧虑。这种忧虑来自于人类的心理自我保护机制。

心理自我保护机制普遍存在于人的心理活动中，其功能类似生理上的免疫系统。当人们由于某种原因将要或已经陷入紧张焦虑状态时，就可借助心理自我保护机制来减轻或免除内心的不安与痛苦，以更好地适应生活。现实生活中，每个人的心理都有一套自我保护机制，它使我们敏感而脆弱的心理能够由此更坚强一些，能够对危机和挫折有所防御、有所淡化，从而得到自我解脱。

有的人是未婚先恐：害怕有了婚姻或许会失去恋爱过程中的很多美好事物，还要面对配偶一家人及将来的孩子等各方面的负担。

有的人是恐惧再婚：因为有了第一次婚姻的失败，对再一次婚姻充满了恐惧。首先怕再一次婚姻失败，于人于己都是种伤害；其次是再婚家庭有很多避讳，有了先前一半的比较，对另一半也相对要求过高，感情上不太容易亲近。

有的人是宁缺毋滥：相信一份至死不渝的真情，不找到真爱不罢休，对于婚姻不太敢进入，只相信爱情，不相信婚姻。这是一种病态的完美主义。

小练习

请写下：如果结婚你会收获到什么？会失去什么？请根据收获或失去事物的重要程度进行打分，5 分制，0 分代表不重要，5 分代表非常重要。

	收获的事物	重要性得分	失去的事物	重要性得分
如果结婚，我将会	(1)		(1)	
	(2)		(2)	
	(3)		(3)	
	(4)		(4)	
	…		…	

点睛

有恐婚情绪的人首先要接纳自己的这种情绪，它意味着你在谨慎对待婚姻。对于婚姻恐惧症的调整，主要有以下几种方式：

（1）开放的态度：在即将步入婚姻时，要有一个开放的态度，多与对方进行沟通，缓解面对进入婚姻的恐惧与焦虑，增强对婚姻的安全感与信任感。

（2）调整不合理的认知：一般来说有婚姻恐惧症的朋友，自己或者亲人及朋友可能经历过一些失败的婚姻，从而产生了心理阴影，导致对婚姻出现一些不合理的认知。

（3）接受心理辅导：通过心理咨询师系统的心理辅导，具体分析产生婚姻恐惧症的原因，并采取相应调整。

如何让他主动求婚？

求婚是前一阶段的结束和新一阶段的开始，是两个人心灵上的激荡。

——佚名

小故事

晓灵一直期待着，在一个毫无征兆的时刻，男友突然单膝跪地，捧上鲜花或是拿出戒指，然后自己被突如其来的惊喜感动得或不知所措或热泪盈眶……最后非常幸福的说上一句："我愿意！"可晓灵的男友却不知怎么回事，一直也没提结婚。两个人虽然已经恋爱两年多了，也都老大不小的年龄了，但晓灵实在不想自己在结婚问题上太主动。怎么让男友主动求婚，成为困扰晓灵的头等大事。

心理分析

女人大多是为了幸福美好的生活而想结婚，如果弄清楚了男人是为了什么想结婚，那么就更加有办法让男人开口主动求婚了。

(1) 结婚是为了养育后代：虽然现在有丁克家庭，但中国的传统和人类的本性还是要养育后代的。你可以和他一起去游乐场看看孩子们的欢乐，激起他的童心以及对孩子的喜爱，然后适时表达一下也想和他要一个可爱的宝宝，畅想一下你们孩子的模样等等。当他有了这样的想法，求婚也就指日可待了。

（2）结婚是害怕孤独：男人心理忍受力其实没有女人强，他们需要灵魂的陪伴和生活的照顾。如果你爱他，不要被他的这种结婚动机冲淡激情。女性有着细腻的情感以及母爱的关怀，陪伴和照顾是女性天生的优势。让他在生活上依赖你，例如帮他安排衣着、出差用品等；精神上常鼓励他，他做一件认为重要的事情时尽量帮助他，至少不打扰他。让他习惯你的存在，即使你们在一起时他可能已经把你当成“空气”，那么只要你偶尔小小罢工，他马上能感觉到“空气”的重要性，就会紧张得立刻想把你娶回家。

（3）结婚是为了孝敬父母：有些男人很孝顺，父母说他该结婚了，他就想着法子赶紧结婚，让父母高兴。如果你的他是这样的孝子，你一定要与他的父母保持好关系。有条件的话经常看望他的父母（甚至比他还积极），给他父母带点小礼物，主动做些家务，多点笑容和嘘寒问暖。毕竟这也是你未来的公公婆婆。当他父母默认你这个儿媳时，不用你提，他父母已经会催促他赶紧把你娶回家了。

（4）结婚是不想再听周围人的唠叨：到适婚年龄的男人每天会有很多人问“什么时候结婚啊”。结婚是让他们闭嘴的最好手段。因此，你想让他主动求婚，千万不要忽略了他的生活圈，包括他的朋友。主动加入他的朋友圈，在与他朋友相处时落落大方，在与他朋友对话时显出你的真诚和优势。这时，他的生活圈会帮你不断提醒他该珍惜这个好女人了。

其实可以适时地给男人一点暗示，提醒他别再让你等下去了。如果以上这些方法用过后他还拖拖拉拉不干脆的话，那么你需要考虑他有没有把你视为结婚对象。如果答案是否定的话，你的感情还是不要付诸在这个“最熟悉的陌生人”身上了。

小练习

女人：你对他的感情已经发展到想嫁给他的程度了吗？以上 4 点你哪些做过，效果如何？哪些你可以进行新的尝试？

男人：对照以上 4 点结婚动机，你是否也在其中呢？或者还有什么新的结婚动机？是什么阻碍了你迈向结婚道路呢？

点睛

其实求婚并不是男人的专利，只要感情到达一定程度，勇敢追求幸福的女人也是会主动求婚的。只是，作为男人，面对心爱的女人，是什么阻碍了你求婚的行动呢？男人和女人在结婚前一定都要透彻分析和了解自己的结婚动机，才能让婚姻更加幸福、没有遗憾！

我们可以裸婚吗？

我没车没钱没房没钻戒，但我有一颗陪你到老的心，等到你老了，我依然背着你，我给你当拐杖，等你没牙了，我就嚼碎了喂给你，我一定等你死后我再死，要不把你一个人留在这世界上，没人照顾，我做鬼也不放心。我爱你。

——《裸婚时代》

小故事

小玲毕业之后回到家乡工作，工资不多但还算稳定。与男友恋爱一年后，觉得男友很善良、孝敬父母，但很粗心大意，说话直来直去，有点让人接受不了。谈到结婚时，男友家是农村的，只能出10万元买一套小的二手房，其他的什么都给不了。小玲家庭不富裕，不能用家里钱。小玲的困惑是，没有基本物质保证的婚姻，会幸福吗？

心理分析

在一项网络调查中，80%的男性网友赞同裸婚，70%的女性网友觉得裸婚不靠谱。女性网友表示：“半裸婚”我可以接受，“全裸婚”或许不行。房子就好比是我们的衣服裤子，车子好比是鞋子，婚礼和钻戒就是帽子和围巾。后三者可以没有，但衣不蔽体总不行吧？

其实女人很多还是很注重感情的纯洁性，很多女人会有裸婚的冲动，但很少能在最后实施。不选择裸婚的理由很多，大多数人认为物质对婚姻的影响和父母的阻止是选择裸婚的两个最大障碍。但是如果对方是一支“潜力股”，还是可以考虑选择裸婚的。有观点认为，裸婚本该是年轻人正常的生活状态，一结婚就要房子、车子是整个社会对幸福生活的错误理解。很多男人相信，经济拮据、无车无房的婚姻现状只是暂时的，自己终将升级为“绩优股”。因此那些对真爱追求迫切性更高于物质的恋人，只要在事业上有潜力可挖，裸婚也是可以接受的。

因此，在短暂经济拮据的情况下，不少人愿意在爱情的支撑下裸婚，但是若这种经济情况是长期性的，那么更多的人将却步。

其实不愿意裸婚的恋人也是对未来的生活负责。从长远来看，裸婚考验的不只是两个人的能力，更是赡养父母和抚育子女的能力。能否履行家庭责任才是裸婚后生活真正的考验。裸婚比传统婚姻更需要理解、包容及同甘共苦的精神。

对于“裸婚”，男女的思考角度是不同的。男人认为给妻子和孩子稳定牢靠的生活保障是自己的职责所在，因此会给自己施加压力，以争取更好的生活，会考虑裸婚带来的压力；而女人的好时光要比男人的早 10 年，而且考虑到后代的成长环境、面临“蜗居”和“房奴”的新窘迫状态等问题，女人会对裸婚更加谨慎。

“半裸婚”是一些恋人能接受的，虽然现在没车没房，但如果有能力在 5 年内置办好，并带着承诺结婚，这样共同奋斗的历程反而更为感情增添色彩。因此，“半裸婚”的婚后生活压力相对于“裸婚”减轻不少。

婚姻不是儿戏，是人生重要的转折点，它关系着两个家庭和下一代的未来，无论是哪种形势的婚姻，都需谨慎对待。

小练习

1. 你考虑过裸婚吗？你对于裸婚或者半裸婚有些什么观点呢？

2. 如果爱人对你提出裸婚的要求，你会怎样考虑？对于婚姻，你有些什么期望或者承诺呢？

点睛

对于每个人来说，幸福的婚姻都是一样的，而不幸的婚姻却有各自的不幸。一起积累婚姻生活中爱的点滴与感动，用一辈子去感受记录，才是对爱、对婚姻完美的诠释！

婚姻是爱情的坟墓吗？

如果说婚姻是爱情的坟墓，那么如果没有婚姻，爱情将死无葬身之地。

——佚名

小故事

场景	婚前	婚后
下班回家	亲爱的，我回来了！	今天吃什么？
电话响了	宝贝，有人找！	电话响了！
晚餐	原来食物的味道可以这么好！	怎么又吃这个！
道歉	甜心，我错了！	我的话还有什么不明白？
新衣服	你穿上简直就是天使！	花了多少钱？
度假计划	咱出国旅游一趟怎么样？	旅行？待在家里有什么不好？

心理分析

常有人感到婚姻是爱情的坟墓，有人解释因为婚后失去了性的吸引力，或者见异思迁是人的本性，又或者家庭琐事使爱情质量下降。在精神分析心理学看来，从恋爱到婚姻，实际上是从类催眠状态回归到了正常的意识状态。婚后的世界其实才是真实的世界。往往对于婚姻不满的人，在爱情时陷入了更深度的催眠，只看到了美好的一面，而忽视更多的客观实际。弗洛伊德曾说过："从爱到催眠只有一小步之隔。这两种情形的相同方面是十分明显的。在这两种时刻，对催眠师，对所爱的对象，都有着同样的谦卑的服从，都同样地俯首帖耳，都同样地缺乏批评精神，而在主体自身的创造性方面则存在着同样的呆板状态。”

不过，令人振奋的是，美国罗格斯大学科学家的最新研究表明，婚姻不是爱情的坟墓，夫妻关系不论多久，都会点燃生活之火，依然浪漫如初。研究人员发现，即使结婚20多年，夫妻仍然可以深深地迷恋着对方，体验着与初次浪漫相同的激情。科学家对“真爱的耐力”进行了深入研究，对17名男女参试者做了大脑扫描，这些参试者平均结婚21年，看着长相厮守的伴侣，他们都表示，仍然对配偶忠贞不渝。研究人员通过大脑扫描发现，这些话句句属实。研究发现，坠入爱河不久的人，其兴奋点体现在“负责沉迷和狂热的大脑区域”；而结婚20多年的人则更多地利用“负责沉着冷静和抑制疼痛的大脑区域”。费舍尔说，这表明在长久的爱情中，“沉迷和狂热”已经被“沉着平静”取代。

因此，希望弄清爱情是否会长久、婚姻是否能稳固的爱人们，可以考虑一个问题——夫妻间究竟该如何沟通？多项研究表明，有意维系长久婚姻的夫妻，交流更容易。沟通高手一般会选择积极的语气，其谈话常伴以微笑、亲昵的手势和适度的玩笑。而破坏婚姻的“爱情毒草”则包括：翻白眼、批评、冷淡和奚落。这些“毒草”在夫妻相处中，要尽量避免。

小练习

请仔细回忆你与爱人相处细节，你们之间有没有“爱情毒草”

滋生呢？如何“除草”呢？

点睛

别让婚姻成为爱情的坟墓：

(1) 彼此都是对方最好的朋友，不带任何条件地喜欢与对方在一起。

(2) 彼此容易沟通、坦白任何事情，不必担心被对方怀疑或轻视。

(3) 两个人在心灵上有共同的理念和价值观，对这些观念有清楚的认识与追求。

(4) 都认为婚姻是一辈子的事，双方都坚定地愿意委身在这个长期的婚姻中。

(5) 当发生冲突或争执的时候可以一起来解决，而不是等以后才来发作。

(6) 相处可以彼此逗趣，常有欢笑，在生活中许多方面都会以幽默相待。

(7) 彼此非常了解，互相接纳彼此的优点和缺点，并确信被对方所接纳。

为什么会出现“闪婚”现象？

闪婚好比川菜的爆炒，热锅下去，炒熟后即刻就能盛出来享用；而传统的婚姻则像煲汤，用文火慢慢地加温煲，要的就是味道醇厚。

——伍涛

小故事

天津的李先生和张小姐从最初一见钟情到登记结婚仅两个月时间。张小姐告诉记者：对我来说，认识 3 天结婚还是认识 3 年结婚根本没什么区别。

长沙崔女士的女儿在婚介所与男方第一次见面，一个多月后就领了结婚证。对于女儿的“闪婚”，崔女士说：“我认为女儿并非视婚姻为儿戏，而是理解了婚姻的实质。”

上海东方卫视日前报道，一对情侣认识 13 个小时就决定结婚。新郎对着镜头说：“我结婚并非一时冲动。”新娘也表示：“如果没有把握，我不会这么做。”

心理分析

在如今这个交往频繁、快节奏的时代里，一切都在加速，就连婚姻也可以变得更简单、更快捷。过去那种马拉松式的婚恋模式正在接受新时代、新理念的冲击与挑战。现在热门的“非诚勿扰”、

“我们约会吧”等相亲类电视节目以及各类征婚网站一时吸引了不少人的眼球，“闪婚”也成了热门话题和高频词。闪婚一族认为，3秒钟足以爱上一个人，8分钟足以谈一场恋爱，13小时足以确定伴侣。什么因素在促成闪婚呢？

现在网络征婚成为“闪婚”的一个重要原因，很多“闪婚族”都是通过网络方式认识的。因为在征婚网站上可以通过“高级搜索”设定异性的年龄、学历、收入、职业、地区、身高、婚史、是否有房有车、相貌评价等重要信息，可以立即看到对方照片，并且还能通过性格测试大致了解对方的性格以及与自己的匹配程度。以前没有征婚网站，光靠自己了解对方信息或者红娘介绍，则需要几个月或者更长时间。网络省去了以上时间，所以谈恋爱的时间也变短了。

在征婚网站提供便捷的同时，大城市里年轻人生活和工作的压力都非常大，“闪婚”可以节省成本。工作要搏、事业要搏、要去攒钱供房供车……太多的事情要做了，真没时间去跑“恋爱马拉松”！双方在经济方面能独立，在选择配偶时对经济的依赖相对较弱，对情感的需求明显增加，到了适婚年龄都有“先成家后立业”的想法，因此一些“闪婚族”也是在理智地选择婚姻。如果把婚姻看作最后的目标，那么达到目标就必须付出成本。恋爱的时间越长，付出的成本就越多，这包括时间成本、精力成本和金钱成本。所以对于抱着结婚目的而恋爱的人来说，当然是谈恋爱时间越短越划算。

与此同时，80后们容易把“我”字无限放大，在婚恋问题上过分强调“我喜欢”、“我愿意”，容易“跟着感觉走”，因此缺乏理智的“速成婚姻”应运而生。还有不乏为了获取绿卡、“饭票”、房子等利益而速配的人。

一些大龄单身，不论他们通过何种方式认识了一个人，并认为这个人很适合结婚的时候，就会很快进入婚姻状态。因为在他们身边总有人不停地唠叨："你也老大不小了，差不多就赶紧结了吧，省得时间长了人跑了。"

不过，这几年"闪婚"的人多了，"闪离"的人也多了。有些"闪婚"的人只是爱上了"想嫁娶的感觉"，而不是爱上了"婚姻"，所以常因婚后角色难以转换而"闪离"。节奏加快并不意味着婚姻不能长久，也有一些"闪婚族"的婚后生活十分美满幸福，而支撑他们婚姻的基础是彼此的承诺和责任，绝不是"速食爱情"。

小练习

你的身边有没有"闪婚"的朋友，你是如何看待的？你有过"闪婚"的念头吗？你是如何考虑的？

点睛

如果说婚姻是一种风险投资，那么闪婚就是在短时间里下最大的赌注。但是如果是以说不清的爱情直觉、外界压力作为结婚决策的依据，则很容易中了"障眼法"，将自己置于风险之中。婚姻要的不是效率，而是持久和稳定。

PART FIVE 第五章

婚姻保鲜术

如何延长蜜月期?

美满的婚姻是人生最大的幸福之一。

——奥斯瓦尔德·施瓦茨

小故事

小涛与小美刚刚走入婚姻，他们觉得自己是世界上最幸福、最幸运的人，只要小美嫣然一笑，小涛心中所有的愁苦便一扫而空，小涛觉得小美非常在意自己的感受与想法，觉得自己在小美的心中特男人，这种感受让他洋溢着满足的幸福感。他很想将这种状态延续下去，延长这种甜蜜的感觉。

心理分析

在新婚的蜜月期，彼此都有一种被重视、被尊重、被认可的感觉。双方都倍感自信，相互之间更充满了希望和期待。双方开放地互诉钟情，并甜蜜地享受其中。两个人会尽可能地利用一切时间待在一起，可能有说不完的话，即使相对无言也有传递不尽的绵绵情意。那在现实生活中如何延长蜜月期呢?

(1) 要记得在你们的感情帐户中“存款”，一个微笑就是存了一笔“爱的款项”，一句尖酸刻薄的话等于“提款”。在相处的生活细节中为感情帐户“存款”：在出门前，亲吻还没有起床的伴侣；晚上开门后，给对方的一个拥抱；回家晚时，发一条注意安全的短信；分享自己的喜悦；在伤害对方之后有勇气道歉等。这些都是“存款”。

（2）互相接纳：爱情、激情、亲密感是人一生的渴望。人们渴望有人能够理解自己、倾听自己，人们最不喜欢的是疏离感、孤独感。在现代这个社会，人们为了能更好地生存，都有一个外在的“社会我”和内心的一个“本我”。当我以本相显现的时候，你能不能按照本相接纳我？这是亲密爱人之间最重要的考验。我们要的是有什么人可以让我能以真实的我呈现自己，在亲密关系中能做真实的自己。因此，在婚姻内的彼此互相接纳就变得非常重要。

（3）培养化解冲突的能力：幸福的夫妻不是不吵架，而是他们能智慧地在战火高升时，边吵边修复冲突带来的伤害。夫妻要努力学习两种技巧：一是做自己情绪的主人，在平时就约定不在情绪泛滥时解决问题；在情绪要失控前叫停，等情绪平复后再沟通。二是两个人轮流当倾听者，让对方能畅所欲言；当发言者觉得被了解，觉得自己的声音被听到后，双方再交换角色，原来的倾诉者变成倾听者。

（4）个人成长：每个人在成长过程中都有许多没有得到满足的需要。从小心理受伤越多，结婚后越容易向配偶“讨债”，由此而造成较严重的婚姻问题。常表现为：勉强对方来为自己幸福快乐的情绪负责，自己的幸福快乐完全依赖对方。跟另一半在一起时，他/她必须按照自己的意思做，使自己快乐。如果自己觉得痛苦，便会怪罪对方，并千方百计地要改造对方。如果出现这种状况，可以找专业的心理咨询师来帮助自己成长。

小练习

请与好友彼此说出 3 个你成功化解冲突的经验，相互交流，共同成长。

点睛

幸福的婚姻不仅需要思想交流，也要感情交流；把感情关在自己心里，也就把另一半推到自己的生活之外了。

如何让夫妻成为一辈子的情人？

鸳鸯自是多情甚，雨雨风风一处栖。

——清朝·季淑兰

小故事

一位成功人士，某公司的CEO，他的妻子出车祸成了一个植物人，此后他就不再工作，天天去陪他的妻子，照顾他的妻子。董事长找他谈话，说以公司名义找几个保姆全天照顾他的妻子，这样他就可以有更多的时间顾及公司的工作。他婉言谢绝了。董事长说："她已经是一个植物人了，什么都不知道，就算你天天照顾她，她也不知道你是谁，与一个保姆照顾是没有分别的。"但他只说了一句："当她不知道我是谁的时候，我要知道她是谁。"

心理分析

相濡以沫，不离不弃，这是很多人对于婚姻的梦想。在这个故事中，呈现出婚姻长久的要素之一——责任。让夫妻成为一辈子的情人，有4个很重要的要素：

（1）责任：对责任的理解通常可以分为两个层次，一是指分内应做的事，如岗位责任等；二是指没有做好自己工作而应承担的不利后果，或强制性义务。其实每个人的内心，都有一个内化了的社会性责任。对于责任的认识，还有个性化的特点。这个特点常常隐藏在自己的要求、期待、渴望中。你可以在伴侣的唠叨、抱怨、不满中，了解到他/她的标准。当两个人对于责任的认识有更多共识后，两个人更容易长久。

（2）信任：相信才敢于托付。在社会科学中，信任被认为是一种依赖关系。信任与时间和交流直接相关，相处很短，信任难以建立；相处足够但交流少，同样难以有信任。夫妻相互的信任是婚姻幸福的一块基石，没有信任，婚姻中很多东西就只能免谈，所以婚姻生活中夫妻要时时处处注意加强信任，通过日常的生活细节慢慢建立起信任。

（3）性爱：它对于婚姻的重要性是显而易见的，只是有相当多的夫妻对此重视不够，甚至羞于谈性。如果你对于性爱并不满意，甚至是糟糕透顶，甚至你已视性爱为可有可无的东西，那么你就需要进行反思了，为什么会这样？对方是否也有此想法或感受？是因为忙于工作而疏于性爱？或者性爱观念比较陈旧而影响到自己的做法？抑或是因为孩子的因素？应该从客观条件和心理方面考虑清楚，为今后更满意的夫妻性生活作努力，以促进夫妻关系的和谐。

（4）情感：它是纯精神的东西，似乎没什么需要盘点的，但事实并非如此。婚姻是平淡的，它不像恋爱时那样激情四射，但我们不能任其自然发霉生锈。如果不能经常进行反思，就极有可能在某个时间出问题。如果夫妻习惯了平淡，习惯了无话可讲，习惯了各睡各的，最终习惯至毫无感觉，那么，危险已经悄然逼近。等到问题出现了，等到危机爆发了，一切为时已晚。

人不能不思进取，婚姻亦如此。在情感、信任、责任、性爱、子女、休闲等方面，应该进行全面的反思与交流。鲜有变化的婚姻必定如死水一般没有活力，时间一久就会发霉，让人不可忍受。婚姻必须在鲜活度方面有所追求，夫妻才有可能成为一辈子的情人。

小练习

好好想一想，这一年来，夫妻双方对于对方的信任有几分？自己又有几分值得对方信任？如果存在疑虑，不妨提出来，能否把顾虑抛开？为什么会存在不信任的情况？

点睛

婚姻盘点首先应就夫妻感情进行盘点，这一年来，夫妻感情的走向如何，相对前一年是更淡了还是更浓了，有多少爱情又有多少亲情，抑或还有友情？深入地交流本身就是盘点，通过交流可以发现夫妻间珍贵的东西，可以发现某些不知不觉已然麻木的东西。通过盘点，让夫妻感情进行必要的升华。

怎样面对婚姻中的“柴米油盐”？

婚姻，祸福之阶也。

——《国语》

小故事

小婧跟老公2005年认识，2007年结婚，未婚先孕，奉子成婚。婚后两个人的生活进入“柴米油盐”阶段，平淡的生活慢慢让他们感觉婚姻不像想象中那么美好。现在小婧跟老公怎么也合不到一块，每天都要吵架。小婧感觉现在对老公没什么感情，因为他一点生活情趣都没有，在他看来生活情趣都是些虚伪的东西，所以跟他生活感觉很乏味。小婧多次想结束这段婚姻，最终都没狠下心。小婧的困惑是：像这样天天在无味中度过的婚姻，还能持续多久？

心理分析

婚姻其实就是两个人习惯和性格的结合。许多女人误解婚姻就是嫁一个男人，而不知道还要嫁给这个男人的习惯和性格，以及这个男人背后的家族。你嫁的，不是一个幻象，而是一个那样真实与独特的一个人。观念上的错误认知，让我们在这个世界上看到了不少破碎的婚姻。

婚姻有三重境界：第一重境界，和一个被自己理想化的人结婚；

第二重境界，和一个自己爱的真实而完整的人结婚；第三重境界，和一个自己爱的人及他/她的习惯，还有他/她的背景结婚。处在第一重境界的夫妻，婚姻相对稳固。处在第二重境界的夫妻，婚姻比较稳固。处在第三重境界的夫妻，很少见到有离婚的。

婚姻幸福的人，一生基本上都结三次婚。第一次是在饭店里，在亲朋好友的恭喜和祝福中，与一个自己认为可以结婚的人进行了一个仪式。第二次是在家里，两个人经过几年磨合，你越来越多地发现他的不足，爱情与生活结合在一起，夫妻之间少了些浪漫，多了许多生活的琐事，在这样的共处中才是与真实相遇，相互更为了解。这时也是婚姻争吵最多的时候，这时要做到的是与这个真实而完整的人结婚。第三次是在家族里，与对方的各类亲情结婚。第二、三次结婚与第一次相比，有很大的不同：没有隆重的婚礼，也没有亲友前来祝贺，唯一在场的是双方的默契。真正的婚姻，往往都是发生在最后的两次。

现在好多人结婚两三年就离婚了，仔细地分析一下就会发现，原因就是没把自己的婚姻从第一境界推入到第二境界。那些热恋中完美无缺的白马王子和小鸟依人的姑娘，进入婚姻这杯不温不火的水之后，缺点和不足会像细菌一样重新回来。这时你必须跨入婚姻的第二境界，接纳和包容他/她的缺点和不足。否则，婚姻就会因根系过浅而萎缩。婚姻进入第二境界之后，就很少有人把离婚挂在嘴上。在心理上，他们已接受了对方性格中的不足。有的甚至还把对方的这种不足变成自己的一种关怀。这时的婚姻是甜美和温馨的，呈现出的最大特点是宽容和互补。

然而，婚姻的温馨并不能代表婚姻的稳固。稳固的婚姻还需要第三次升华，那就是与对方的各类亲情结婚。也就是说，把你对他/她一个人的爱扩展到他/她的父母和亲友。并且在这种爱中，对婚姻有了智慧的领悟：你的另一半不单单属于你，他/她还属于他/她的父母和朋友，甚至还属于他/她自己。婚姻一旦进入这种境界，也便进入禅定的状态。

小练习

你们可以彼此说："如果你有任何能帮助我成为一个好伴侣的建议，请告诉我。"当对方告诉你后，记下来，看看哪些你是可以做到的，尝试做做，看看你们的生活好些没有？

点睛

这个世界上，那些白头偕老的人，一生基本上都结三次婚：第一次是在饭店里，与一个被自己理想化的人结婚；第二次是在家里，互与对方的习惯结婚；第三次是在家族里，与对方的各类亲情结婚。

“牛郎”、“织女”们怎么办？

纤云弄巧，飞星传恨，银汉迢迢暗度。金风玉露一相逢，便胜却人间无数。柔情似水，佳期如梦，忍顾鹊桥归路！两情若是长久时，又岂在朝朝暮暮！

——秦观

小故事

小马与小梁是现代社会的“牛郎”与“织女”。最经典一幕：小马拉着皮箱正准备开门，要去赶飞机；小梁正好推开门进家，刚下飞机。他们俩只对了一句话：“你回来了。”“你要赶飞机？”然后，他们就分开了。这过的是什么日子啊？最近妻子小梁对小马的抱怨越来越多，说小马不关心她，他们相聚时连拥抱都没有了。这样的日子要怎么办呢？

心理分析

记得有一部电影叫《将爱情进行到底》，就像电影的名字一样，所有的伴侣在举行婚姻庆典时，都彼此承诺不论疾病与困苦都与彼此在一起，不离不弃。但是为什么事与愿违，很多的伴侣最终都劳燕分飞呢？难道婚姻真的是爱情的坟墓？在婚姻中，伴侣之间正在发生什么呢？现在，从心理学的角度来解读两性亲密关系的5个阶段，希望对故事中的男女有所启发。

第一阶段：浪漫爱情期。在这个阶段，男女两性从好感到相恋。彼此都呈现退行的状态，彼此间单纯、幼稚，过度坦诚。有时他们仿佛重返童年时代，无意识地把对方当成了自己心目中最完美的对象，依赖对方，撒娇、任性，随心所欲，仿佛可以重新回到童年以此来补偿或是重温童年的渴望。此时的伴侣不愿意有片刻的分离。

第二阶段：权力争夺期。在此阶段，最初的浪漫激情逐渐消退，这时的关系充满动荡与张力。这个时候，彼此眼中的自己仿佛都变了样子，伴侣可能会问：你还是原来的那个你吗？你还是我们刚认识的你吗？双方才发现也许对方不完全是自己所想的那个样子。对方的优点再也看不见，彼此开始想按照自己的意愿来改变对方，进而有许多的冲突和矛盾发生。很多伴侣最终无法度过这一阶段而选择分离。

故事中的伴侣可能就处在这个阶段，妻子抱怨情绪的背后是妻子对老公的依赖、依恋与对爱的渴望，也是一种爱的相思。只不过，抱怨是一种扭曲的表达，总会让人产生种种误解与不悦。故事中的老公，可能也不是一个对于处理亲情关系有很多经验的人，他可能不懂得女人的需要在于细微之处，也可能自认为不善于表达，就不再去承担婚姻中情感表达的责任。他也可能未能读懂妻子的心。

不过，生活就在我们无时无刻的选择中进行着。我们选择了这样的生活，我们就要调整好自己的心态，承担自己选择后发生的一切，承担自己生活的责任。

第三阶段：整合期。你不再按照你自己想象的样子来试图改变对方，而愿意按照其本来的样子来爱对方。这个阶段的伴侣双方对彼此少了抱怨和指责，而多了理解和包容。

第四阶段：承诺期。经过整合期的双方的承诺，亲密关系才真正的有价值和意义。

第五阶段：共同创造期。经过了前几个阶段的成长，到此时两个人彼此内心是坚定的，经历的风雨只会让他们的亲密关系更加美丽，只会让他们彼此的爱更深厚。

小练习

请根据本文中的内容，看看你的亲密关系在哪个阶段。

点睛

大多数的夫妻会经历亲密关系的5个阶段：浪漫爱情期、权力争夺期、整合期、承诺期和共同创造期。了解各个阶段的特点，梳理一下自己的情感。

家务是我一个人的吗？

不看家中妻，但看身上衣。女人照镜子越多，照管家务越少。

——英国谚语

小故事

菲菲很羡慕那些结了婚被老公照顾得很好的妻子。菲菲的老公在家里懒得连自己的袜子都不洗，家务事都是菲菲一个人在做。以前没怀孕的时候，菲菲不但要干所有的家务活，还得听老公训责，下班一回来，就像是卫生队队长要检查卫生一样的，这不干净了说两句，那没收拾利落说两句。活着真累！菲菲常问自己："家务都是我一个的吗？""家里一定要一尘不染吗？"太不公平了。

心理分析

谁做的家务多，谁做的家务少，家庭内公平与否，家里应是什么样子，东西该如何摆放，是很多夫妻争执的焦点，常挂在嘴边的话是"凭什么"。其实，任何家务琐事的争执，其潜台词都是：谁来制定家庭的规则，谁来决定家庭的生活模式。看起来，是一场权利之争呢。

家庭对于女人而言，与男人有些不同。女人在不知不觉中将家看成是自我的一部分。"不看家中妻，但看身上衣"，其意思是"家是女人的面子”。家庭是否整洁，家庭的装饰、摆设、陈列，都会体现女人的心境、涵养、才艺与品味。家是什么样子，女人是有自己的梦想的。这些都使女人对于家里的状况会多一份苛求。

可是，家庭中的两个人来自完全不同的生活环境，有不同的生活经历、生活模式与习惯。面对这种不同，就要考虑两个人对家务、对家庭环境的需求，不能以其中一个人的想法与模式完全替代另外一个人。如果一个人的想法与模式完全占据了家庭，就听不到另一个人的声音，看不到其在家庭中的位置，那这个人可能就会消极抵抗。家务就可能成为其撒气的地方，就如上文中提到的卫生队长。

如果两个人对于家务等的生活主张差异太大，在家庭中怎样也不能整合，那不妨在家务中划分出各自的领地与共建的区域，用不同的规则管理不同的家庭事务。这样，在家庭中可以听到两个人的声音，让双方都感受到自己在家庭中的位置与空间。也许，此时的家里就会多一份自由与宽容。

小练习

仔细地找找你家中的规则，对家务进行合理分工。提示：

（1）将家里每周、每月的家务大致列出，如整理、清扫类家务安排每天一次，洗衣、擦地类家务可每周或 3、4 天一次。同时，每周固定安排需要两个人共同完成的家务项目。

（2）按照身体条件、特长、兴趣爱好及上下班时间等进行分工。如丈夫可多承担采买、大清扫等重体力劳动，妻子则负责做饭、洗衣等相对轻松的家务。

点睛

家务事可不能算小事，任何家务琐事的争执都可能激发矛盾，进而影响感情。解决这一矛盾，需要夫妻双方都相互让一步，这样幸福也就会进一步！找个心情好的时候好好沟通，双方都分担一点家务，互相监督、互相帮助。

夫妻意见相左怎么办?

只有视而不见的妻子和充耳不闻的丈夫才能有美满的婚姻。

——蒙田

小故事

认识的一对年轻夫妻，有一天，女方哭着来电：“你快来！我恨他！我要和他离婚!”快速赶到他们家，门口就听到他们正吵得凶呢!

丈夫说：“她很无聊，我上班好累，她说晚上要去散步，我说改天，她就又哭又闹，真是讨厌!”

太太说：“你才讨厌，我在家作牛作马为这个家打扫、为你做饭、为你生孩子，只要求散个步，你就会累死啦!?”

心理分析

我们对幸福有强烈的向往，但面对幸福又有很多困惑。我们渴望幸福的婚姻，可上面的案例告诉我们幸福不是那样容易。我想这样的争吵每个婚姻都经历过，甚至对于有的家庭可能是家常便饭。我们离幸福到底有多远？幸福的夫妻会吵架吗？有调查显示，幸福的夫妻与痛苦的夫妻吵架次数、频率相当，甚至主题也差不多。同样是吵架，为什么有的夫妻会越吵越好，有的夫妻却一次比一次受伤？因为他们对于冲突的理解、处理方式不同。

中国人的家庭文化往往特别注重家庭和睦，“家和万事兴”，习惯以忍让的方式避免冲突和争吵，争吵事件过后更不愿再对此谈论。美国丹佛大学豪尔·马克博士发现，“长期避免冲突”正是造成现代夫妻离婚的头号原因。这是因为吵架也是照料爱情花园的一种方式，也是夫妻沟通的方式之一，争吵是在大声地告诉对方，“我不喜欢你用那样的方式对我”，“我要告诉你，我渴望你用这样的方式对我，我的期待是这样的”。争吵看似会造成破坏，但如果双方能够坚持不控制对方，用心去听对方的声音，就可以更深地认识自己和对方的渴望与期待。在争吵中可以看到以前没有看到的东西，双方会因此得到很多了解和学习的机会。

争吵发生时，幸福的夫妻懂得听对方的心声，而且不会盲目逃避争吵。在争吵中，他们始终把焦点放在清楚地表达自己、了解对方的看法上，避免互相伤害，将争吵变成了一次良性互动。过后他们也能正视争吵，还会总结出比争吵更好的消除差异的方法和让双方感觉更好的沟通模式。这样，争吵过后，他们就会多一份对对方的理解。

婚姻情感心理咨询师认为，把争吵转化为沟通的机会的具体方式是：把立场变成细节。非暴力沟通的方式非常适合夫妻运用。非暴力沟通的 4 个步骤是：第一步，我看到、听到了什么；第二步，我感受到了什么；第三步，我认为是什么；第四步，我的要求和建议是什么。比如，小故事中的妻子可以这样对丈夫说：“老公，我看到你吃过饭了，我感觉我们可以放松下，我觉得散步是一种很好的放松方式，我希望能与你多呆一会儿，你愿意出去走走吗?”愿更多的夫妻学会化解冲突，将争吵变得更有艺术。

小练习

想一想，整理一下你们夫妻间吵架常说的话。

点睛

夫妻吵架的禁语：

(1) 你还说我呢? 你瞧瞧你自己!

(2) 你从来就没关心过我!

(3) 好好好，都是我的错行了吧!

(4) 我就这样了，你想怎么着?

(5) 这日子没法过了。离婚!

(6) 凭什么你……凭什么我……

(7) 当初要不是……

(8) 没良心的，我为了你……

婚姻中的我们可以无话不谈吗？

在幸福的婚姻中，每个人应尊重对方的趣味与爱好。以为两个人可有同样的思想、同样的判断、同样的意愿，是最最荒唐的念头。

——摩路瓦

小故事

汪琳与阿飞结婚后，汪琳觉得既然是一家人了，有什么话都要对老公说，比如她今天做什么了、她是怎样想的等等。她也希望老公能与她一样，对她无话不说。可慢慢地她发现，不是她想象的样子。好像老公并不喜欢她这个样子。她很困惑：婚姻不是意味着相互间完全透明吗？夫妻之间不是什么都可以说吗？如果回答是“不”，那么哪些话可以说，哪些话不能说？

心理分析

婚姻最好的一点就是可以跟老公无话不谈。但如果说话不经大脑，有些话脱口而出还是会造成伤害。虽然你有权表达自己的观点，也应该开诚布公，但如果用伤人的方式说了出来，无论是对你的老公还是你们的关系，都很有可能造成追悔莫及的伤害。下面就是几句你绝对不该对老公说的话，以及如何用另一种方式表达同样的意思。

忌讳1：“你的性能力真的很棒。”（事实上他并没有那么好。）

假如，他没有你说的那样好，或者是他自己的感觉很糟糕，你却说他很棒，虽然你是不想伤害他，或者是想鼓励他，但他会觉得你是在欺骗他，你在说谎。这样做，只能拉开你们的距离。建议在性生活结束后，真诚地交流你的感受，可尝试告诉对方你喜欢的方式，与他一起探索，注意一定不要指责对方。这就可以不伤对方感情又不需要说谎了。

忌讳2：“你跟你父母真是一个德行。”

这是大忌，这句话充满了厌恶和鄙视，击中了他一直害怕、不喜欢、不认同但又存在着的家族品质中最不好的那点。这句话充满了不能接纳对方的感受，也是对人的一种侮辱，会让对方充满了愤怒与不满。这句话是一定不能说的。如果你真有什么不满或是对他有什么期待，直接表达会好很多。比如可以说：“亲爱的，你能将要换洗的衣服直接放在洗衣机里吗？”这样你既达到了目的，又没有在过程中伤害到他。

忌讳3：“你的收入什么时候才能多些啊？”

这句话的言外之意是：“你挣的钱怎么这样少？”你要知道自己为什么着急想要增加他的收入，是对他的不满的一种情绪宣泄？还是你觉得他应实现你的生活梦想？还是你觉得这是鼓励他的一种方式？在说这些伤他的话之前，你先要想想自己的问题。千万不要让他觉得你是在攻击他养家、养孩子的能力。男人觉得养家是能力的重要体现，是男人的自尊。合理的做法是：你们可以定期谈一下各自的工作、事业发展以及家庭财政。重点是不要让他觉得你在攻击他，而是你在与他一起承担家庭的责任，一起追求你们想要的生活品质。

小练习

你们夫妻间的敏感话题是什么？你们夫妻间的禁语是什么？家庭的共同目标是什么？

点睛

夫妻间不能说的话还有："我妈说的对，你就是这样的人"，"你总是……"，"你从来不会……"，"孩子是我自己的吗？你带过孩子吗"……

怎样制造婚姻中的浪漫与感动？

幸福的婚姻不仅需要交流思想，也要交流感情，把感情关在自己的心里，就把对方推到自己的生活之外了。

——简・奥斯汀

小故事

“在雾霭的冬日，小军在地铁站口等着我，可能手中还有一束鲜花在怒放”，想到这儿，小仪心里一阵感动，微笑也写在了脸上。今天是小仪结婚4周年的纪念日，她好期待能与他在一起。结果小仪期待的美好却没有发生。小仪在地铁口等了小军20分钟后，他才出现，而且手里没有鲜花，只有一个地瓜。小仪真是失望极了：“我要的不是地瓜而是鲜花，他怎么一点也不了解我呢，一点都不浪漫，也不会制造气氛让我感动。”

心理分析

在婚姻中，人们常常会深深地渴望被对方理解，能被对方感知自己的内心需求。如果对方能预见自己的需求并做出符合自己渴望的行动来，想想，这就是上文中讲到的“感动”吧。可遗憾的是，人们常常都在按照自己的内心轨迹期待着，结果往往是失望多于期望。在结婚纪念日这样重要的日子，确实是制造婚姻内感动的好机会。那到底怎样才能制造婚后的感动呢？

（1）彼此满足心理需求：记得《男人来自火星，女人来自金星》一书中讲道，男人与女人有不同的心理需求。男人需要面子，面子是一个人的立身之本，男人尤其看重面子。男人需要鼓励，越赞赏越奋起，批评则会严重削弱他的斗志，特别是来自妻子的批评。男人需要自由，给出自由和空间的一方有足够的智慧和情商，也有足够的信心能掌控局面，而另一方也有情有义，对得起对方对自己的信任，善待自由和空间。女人更在意真诚，你与她真实地在一起，你们可以坦诚交流你们的想法与感受。女人需要明确的赞美，“我喜欢那个发型”或者“你穿红衣服很好看”。这种赞美的话能让女人感觉到你的在意与关注，使彼此的关系不断得到滋润。女人需要男人耐心倾听她说话，女人宁愿男人友善地倾听，也不愿他们总是发表意见。

（2）共同庆祝节日：重大节日的庆祝要形成一些稳定的彼此认可的方式，让对方都有一些可以确认的感觉。如果其中一方有些突发的期待，要提前渗透给对方，直到对方心领神会，不要让对方猜你的心思。如果是女人的节日，男人要多些殷勤，如果能让女人感受到男人在追求她时的感觉，那将是男人的成功。如果是男人的节日，更多的是要考虑到他的意愿与心理需求。

（3）需要增加在婚姻内承担的心理能力：婚姻或许会制造些冲突，哪怕是在重要的节日里，虽然冲突的感觉不那样美好，却是可以带给人深度的亲密感。在冲突中，彼此可以大声地说出自己的想法、渴望、委屈和抱怨。如果你能在冲突同时观察你们彼此是如何冲突的，这样你们就不会冲突过头，也许冲突过后，等待你们的是激情。

小练习

寻找你们之间曾经的感动，想想那时你们是如何做到的。

点睛

爱人等待的身影是感动，爱人无声的陪伴是感动，爱人每天的相守是感动，彼此的思念与牵挂是感动。甚至，对曾经冲突的回忆也是感动。

女人为何要给老公留面子?

为了爱情的继续，婚姻的美满，妻子要取悦丈夫，丈夫也要取悦妻子，至于如何取悦，乃是一门高级艺术。

——柏杨

小故事

汪洋的老公总是对她说："老婆你有什么话，可以背地里与我交流，在我的哥们面前，你要给足我面子。"在生活中女人需要注意在外人面前给男人留住面子。古时中国有句话叫做"当面教子，背地教妻"，现在可以把这句话改为"当面教子，背地教夫"。汪洋的困惑是，面子真的对男人这样重要？我为什么要帮助男人维护好他们的面子呢？

心理分析

曾经有这样一个调查：男人的死穴是什么？在调查的人中竟然有73%的人回答：男人的面子就是男人的死穴。男人需要有面子，男人也最怕失去面子。借用一句话就叫"男人，成也一张脸，败也一张脸"。

男人的好面子分3种。第一种，偶尔炫耀型，这种男人平时不怎么说大话，哪天在朋友面前突然高兴或是得意，就想当老婆的面炫耀一下他的地位。这种偶尔的行为其实挺可爱的，男人有时候也像孩子，偶尔的炫耀，你在旁边附和一下，既满足了他的虚荣心，又彼此不尴尬，给足了他的面子，也给了你快乐，彼此也多了份默契。第二种，好大喜功型，这种男人会在外面吹嘘扩大自己的成绩，每每需要老婆的附和来达到满足虚荣心的目的。长此以往，他的朋友会越来越少，大家会默默不语地看他的笑话。面对这样的老公，姑且在外面纵容一下，回家好好沟通，说出你的感受，鼓励其增强专业能力，以获得实实在在的成就。也可与其讨论，他对自己的期待是什么，看看他的期待与现实的差距在哪里，如何减少差距等等。第三种，特好面子型，这种男人在外面以践踏女人的尊严来满足他内心的快感，轻则用训斥、重则用暴力的方式来显示他的地位优越。面对这样的男人要看清其本质，不能纵容，纵容的后果只会是越来越严重。与这样的男人相处，你很难感受到自己的独特与价值。面对他的评价与自我膨胀，你能感受更多的是挫败，在与这样的男人相处中常容易迷失自己。

从心理学上来讲，每一个人都会追求自己在别人心中的积极形象。作为男人，他们不希望让别人看不起自己。男人认为面子的核心本质就是自我的认可。他们觉得面子大说话就会有分量，会让自己在朋友、家人面前特别有地位，受到朋友、家人的追随、尊敬与仰慕，这样就有了自我的存在感与价值感。这面子的背后也是他的尊严，是不容侵犯的。男人爱面子，其实也是在追求他人、社会的认可与接纳。男人在爱面子的过程中完成社会化的过程。男人在爱面子的过程中，找到自己，认识自己。

作为女人，给你的他留一点面子。爱他，就尊重他。只有这样，你们的家庭才会常鲜，你们的幸福之花才会永不凋谢。

小练习

你的老公爱面子吗？是哪种类型的呢？

点睛

男人的面子，其实就是他们的尊严。没错，这是男人的共性。给你爱的男人留面子，就是对家庭最大的维护。

PART SIX 第六章

婚姻保卫战

如何面对家庭暴力？

家是世界上唯一隐藏人类缺点与失败的地方，它同时也蕴藏着甜蜜的爱。

——萧伯纳

小故事

8 年前小江与小孙经他人介绍登记结婚，婚后感情一度很好，后因家庭琐事经常发生吵闹。2012 年 2 月双方再次发生纠纷，小孙将小江打伤，造成小江两处肋骨骨折。双方夫妻关系继续恶化，小孙的家庭暴力也在不断地升级。小江很是害怕，不知道要怎样办才好。

心理分析

家庭暴力的核心是权力和控制。家庭暴力中男人常常传递的信息是：我们在一起，什么都是你的错，我自身没有一点问题；你做人有问题；你连最基本的为人处世都不会；你离了我就没法生活；你就是我的寄生虫；你精神不正常……

男人为何会施暴呢？首先是受社会文化的影响。男性在社会成长中形成“男性要掌控一切，要用权力和力量去征服别人”的观念。女性在婚姻中的地位是“嫁鸡随鸡，嫁狗随狗，嫁块石头抱着走”，这是男性文化灌输给女性的。我们常常受文化的限制而不自知。其次是模仿。研究发现，60%～70%的施暴者，童年时曾挨过打或目睹过父母、他人间的暴力行为。暴力成为他们解决问题的方式，也成为他们表达自己情绪的工具。最后是获益。暴力使她顺从，使他能迅速掌控局面，而且，他不会受到惩罚。

女人为什么不离开呢？家庭暴力的周期性使她对他抱有幻想：也许还可以再相信他一次，也许他能改；也许他能看在孩子的面子上，不会再动手了；也许他年纪大了，就不会打了……求助、离婚，每一次抗争失败，都让她们更加深陷绝望和恐惧之中，羞于启齿。遭遇家庭性暴力时，女人的羞耻感就更强了。他完全掌控了她的幸福，她无处可去，“顺从”让她一次次地选择原谅与忍耐，留在这种关系里。

可事实的真相并非如此。不管是法学还是心理学都强调，在挨打这件事上，受害者永远无过错，任何情况下都不许打人！只有当女人明白自己并无过错，自我权利意识被唤醒时，才是她们懂得如何策略地应对的时候。

一旦暴力发生，女人要懂得如何应对。首先要学会保护自己，脱离暴力环境，逃出家门或逃往家中安全的地方。一旦暴力发生，你就绝对不能轻易原谅、忍让，要让他为自己的施暴行为受到惩罚。要让他明白，暴力沟通方式对你无效。其次要寻求帮助。与亲友讨论家庭暴力的问题，得到他们的支持。最后还可以及时咨询有关法律或救助机构，以确定采用何种方式来制止家庭暴力。

小练习

假如：家庭争吵当中，你被丈夫打了，你会怎么办？

点睛

长期遭受精神暴力者，往往已经把施暴人灌输给她的关于“她很无能”的思想内化了，她需要重新找回自信，重建自我。

面对离婚该怎么办?

离婚的伤痛促使我放下自我防御，与真正的自我相通，在不设防的状态下，重获天赋本性及喜悦，进而开创自己理想中的生活。

——《离婚的心灵法则》

小故事

王炎与宋玉是大学同学，在一起生活了13年，吵了8年，冷战了5年。王炎出过轨，宋玉也出过轨。他回来过，她的心也回来过。他努力过，她也付出过。可是，他们都感觉到，彼此的距离还是那样远。他们多少次讨论过离婚，结果都没离成。老人生病让他们离得更远了，这让宋玉感觉到这个家庭是不健康的，功能是缺失的。宋玉再也不想这样过了，她要离婚。她想请教专家，离婚会经历什么呢?

心理分析

不管你的分手决定是源自对自己处境的顿悟，还是来自潜意识漫长的发展，还是一种对现实的逃离，这个决定都证实了这样一个事实：很长时间以来，你都过得不那样幸福，甚至因它而痛苦。只不过，你不愿承认这一点。分手的决定很少是一时的异想天开，分手的决定是生命中对于冲动和自由具有决定性意义的时刻。

做出离婚的决定后，会经历复杂的情感体验过程，先会感到一阵轻松：“终于有勇气走出这段婚姻了，终于有勇气去寻找新的幸福了”。然后就会开始怀疑和恐惧：“真的离了，我的孩子怎么办？我自己的生活会有哪些变化呢？父母能接受吗？身边的朋友们会怎么看”，从而想推翻决定。最初的确定开始消退，浮上心头的是对将要失去的事物的担心和对被抛弃的恐惧：“我自己真的行吗？我真的想好了吗？我真的可以吗”。于是，就开始了和自己“讨价还价”，变成伴侣的律师，为伴侣和这段关系辩护：“也许情况没有我想的那样糟糕，也许我可以再努力下。也许，为了孩子，我可以再忍耐”。

负疚感和坚定会循环出现。女人常问自己：“我怎能自己拆散婚姻？这样伤到孩子，怎么办？”心理咨询师分析，尽管在内心深处，人们确信自己的决定，但离婚的前景还是让人产生深刻而艰难的怀疑。这多多少少是一种难以克服的挫败感。况且离婚时的撕裂之痛不是挥挥手就能赶走的。特别是被动离婚或感到自己是受害者时，伤痛中往往混杂着各种复杂感受：为对方的背叛或离弃而愤怒，为失去曾经有过的幸福而哀伤，为自己的付出没有得到回报而怨恨，为未来的孤独与无助而恐惧，也常会问谁为我的青春埋单……

找回心理和情感层面的自我完整，花时间反思自己的人生选择，确定自己真正的愿望，这些都会伴随着离婚的整个过程。要想进行任何对自我有利的工作，都有一个前提：首先要承认自己对这段关系的失败负有责任。认识到离婚的决定不是为了逃避，而是一段通向自我的跳板，无论它带来多少痛苦，都是自我成长的一段历程。离婚不是一种个人生活的失败。“幸福对身体健康有益，而悲痛有益于精神的发展。”只有这样，才能把自己从挫败感中解救出来。

小练习

思考关于婚姻本身，关于爱与被爱，关于自我以及自己到底需要的是什么？

点睛

离婚本身，也是一个与自我相遇的过程。一个准备离婚的女人，至少会做很多思考：关于婚姻本身，关于爱与被爱，关于自我以及自己到底需要的是什么等等。所有这一切，她都会努力找答案。白头偕老不一定是神话，还是会有很多伴侣能够做到。将来的白头偕老，更多是一种伴侣双方忠于内心的选择。

老公出轨后，我还能信任他吗？

生活本身的目的就是获得幸福，追求幸福让众生殊途同归。

——安妮·弗兰克

小故事

小丽和老公是发小，他们一直生活得还算幸福。一个月前小丽发现他有外遇。老公说和那个女人断了关系，也一再表示后悔，现在每天按时回家、做家务。现在的问题是，小丽无法说服自己接受他，感觉他出轨了、不忠诚了。小丽无法再信任他。小丽的困惑是：我们的关系还能继续吗？但小丽也不想与他离婚，很痛苦。

心理分析

忠诚，是个非常主观的概念吗？忠诚与不忠的边界在哪？当我们仔细思考“忠诚”这个概念，总会有很多不确定的东西。比如说，忠诚是社会建构的吗？是一种道德规范吗？到底是忠于谁？出轨的人是对伴侣不忠，但也有不少人认为他们是想忠于自己，忠于内心的渴望。确实，忠诚其实是忠实于自己的内心——那些已经建立的内心规范，那些已经内化的道德标准。但这些，有时是与自己的欲望相矛盾的。

一些对爱充满热情、愿意憧憬绝对忠诚的年轻人，在他们看来，忠诚是爱的必然结果，也是爱的前提，是爱在行动上的证明，而不忠就等于不爱。他们提出口号："不忠诚，宁愿不爱。"是的，我们都向往永恒的、忠诚的爱情。可是实际生活中，爱却不一定能与它永远和谐。

不忠发生后，人们往往开始质疑出轨者的人格，会想："怎么还能信任呢？他为何要这样做呢？怎么能这样做呢？他还是我认识的那个人吗？他是个骗子"等等。也会开始质疑对方的感情："他这样做是不是不爱我了，对我没感情了？"真实的情况往往没有这么简单。这种质疑可能会发展为对自我的质疑："这都是我自找的"，"爱人都不要我了，我还有什么价值"。很多人为伴侣的外遇而痛苦，还为自己和伴侣的处境感到羞耻。这种羞耻感纠缠于心，他们便用愤怒攻击自己。

人对于自我存在的认知有两点：一是"我是不是值得被爱"，二是"我有价值吗"。如果对于第一个认知有怀疑或者被破坏，那么对第二个认知的加强就非常重要了。情感危机中包含了危险，但同时也充满了机会。

伴侣有外遇，从另外的意义上来讲是给了我们一个觉察、反思自我的机会。危机到来时，需要氧气和燃料，给对方留有一定的空间是氧气，而提升自我价值感是燃料，依旧热爱生活、孝敬父母、照顾孩子，那种自然蕴含的美慢慢散发出来，对方是会看得到的。这才是加强亲密关系的吸引力。

我们只需要真正了解一点：爱不是结果，爱是关系。这需要伴侣间的互相磨合，界定自己的忠贞、不可逾越的边界，共同谱写两个人的爱情传奇。

小练习

这个练习可以帮助我们找到自己对婚姻的期待与自己对婚姻的信念：

1. 你还爱他吗？

2. 如果你深爱一个人，请问“爱这个人”给你怎样对待他的权利？

3. 请写出对你另一半的称呼，并说出这个称呼代表了什么？

点睛

忠诚是一种个人选择，忠诚是不能强加于人的，只能是自然而然地给予。

婆婆干涉我太多该怎么办？

你有多爱你的丈夫，你就要多爱他的家人；你的厉害精明请留在工作上发挥。

——佚名

小故事

晶晶今年30岁，结婚两年。婆婆与他们在一个城市。晶晶做什么事都得不到婆婆的赞赏。做菜嫌不好吃，家里的地板嫌太脏，她儿子的衣服脏了嫌晶晶没催促他换，等等。即使在电话里，也不停地告诉晶晶该怎么照顾家和她的儿子。常常到家门口时，才给他们打电话，晶晶紧张得不行，担心家里不卫生或者有什么婆婆不满意的地方。弄得晶晶总是因此与老公吵架，让他收拾卫生。

心理分析

在家庭关系中，有些婆婆会把注意力放在儿媳身上，这对她来说是要显示对媳妇的关照，她想让媳妇更像是自己家的人。这就像旧时，媳妇进入婆家，先要听婆婆讲家里的习惯：何时给老人问安，何时吃饭等。婆婆是媳妇进入这个家的引路人，她的内心并不是想欺负谁，或对谁摆谱。这里也含有对独生子的爱。但现在女性与男性的社会分工与家庭分工都发生了改变。男人是一家之主的观念受到了挑战，所以，婆婆与媳妇的不对劲儿不是角色冲突，而是文化冲突。有时婆婆的“爱”看不到彼此的边界，将自己的生活与孩子的生活混在一起。自己的担心会让所有人知道，自己的恐惧会让所有人恐惧。这时，媳妇要与婆婆适当保持空间与心理距离。

从心理学的角度讲，我们会把媳妇对婆婆的态度看成是早年与母亲关系的投射。在母女关系中如留下未解决的问题，跟婆婆的相处可能会激发你早年的痛苦与被压迫感。就好像婆婆爱管教你，干涉你与老公的生活，这种被约束的感觉不是婆婆的，而是你内心的。

小练习

1. 你对媳妇这个角色，自己的期待是什么？
2. 你是如何看待他人眼中的自己？

点睛

婆媳关系的解决办法，一是放低对自己的要求，看看你对媳妇这个角色的期待是什么？二是反思，你是如何看待他人眼中的自己，你在意他人的评价吗？三是要理清自己的母女关系。还有一个关键，就是看那个男人。喜欢被两个女人争来夺去的男人，会有意扩大婆媳矛盾。

没人、没钱、没交流的婚姻该怎么维系？

结婚就其实质而言，既是避风港，又是一个自我磨炼的沙场。

——佚名

小故事

京艳与老公结婚 3 年了，结婚时老公什么都没有，只能裸婚。京艳家提出入赘，老公不愿意。他心性太高又不稳定，这让京艳总感觉看不到未来。而且老公得了乙肝，京艳担心婚姻太过短暂，更恐惧与他离婚。现在和老公没交流，也经常见不到他。她觉得自己就是一个不要钱的保姆，很没劲，做什么都没有意义！

心理分析

这个小故事让我不禁思考：婚姻是什么？没人、没交流、没钱的婚姻是什么？其实，婚姻是一分甜蜜，挚深的盼望常如涓涓溪流从山涧中奔涌而出；婚姻是一种真诚，坦坦荡荡、心底无私地把自己托付给一个最信赖的人；婚姻是一份信任、一种宽容，许多误会、许多怨艾因宽容而冰释；婚姻是一份责任，“弱水三千，只取一瓢”；婚姻更是一种理智。

婚姻情感，我们常要用心去感受，去体会。我们心里对它的体验是无形的，这个无形的心理体验得通过具体的实物来体现。要不，婚姻情感就像是在画中、在空中。爱总在寻求表达。婚姻就是一种爱的表达，爱的载体。婚姻也是一种选择，是选择愿意与这个人在一起。如果把婚姻比作一棵树的话，应该是有水、土壤，不断成长。结婚之初，两个人可能没有物质基础，但是两个人也要尽快努力补充、增强婚姻的经济功能，提供更好生活的可能。

如果一个家庭没有一个有效的交流方式，没有互相的沟通和理解的话，那么这个婚姻一定是很可怕的。

小练习

拟定婚姻的使命宣言，做出对婚姻的承诺。

点睛

其实对于每个人来说，幸福的婚姻都是一样的，而不幸的婚姻却有各自的不幸。婚姻是自己的，就如同自己的生命和呼吸一样，别人无从参与，别人的意见只是参考。最完整的诠释和评价婚姻，可能要用人的一生。一辈子虽然不长，但也不短暂，把握这唯一的一辈子的取向，是婚姻的基石。

为什么会选择“闪离”？

恋爱视快乐为目的，而婚姻视整个人生为目标。

——巴尔扎克

小故事

小吴与娟娟毕业不久就仓促结婚，结婚才 7 个月，又匆匆离婚，成为“闪离”一族。娟娟在离婚后，总是哭个不停，也不想吃饭，不想出门。她不明白，为何一见钟情的他们，会选择结婚 7 个月后离婚。可是这个婚，也是娟娟自己想离的。娟娟不理解，自己是怎么了？

心理分析

“闪婚闪离”现象首先是夫妻双方的事，是一个家庭问题。“闪婚闪离”会给夫妻双方带来深刻的影响：有的人因此不再信任婚姻，有的人因此不再相信爱情，有的人开始怀疑自己。“闪婚闪离”伤害的是彼此，也会让夫妻双方的两个家族形成矛盾对立。

曾经的天长地久，曾经的海誓山盟，在结婚后，都去了哪里？这其实一点也不奇怪。男女双方明确了恋爱关系后，就进入充满热情、兴奋的梦幻期。这时的恋人尽可能地表现着自己，掩饰不足，这个世界几乎只有他们两个人，对方好像就是自己全部的世界。他们眼中的恋人几乎是完美无缺的。进入婚姻后各种各样的家务活、亲戚朋友关系，当柴米油盐酱醋茶化为现实，这时的恋人好像从风调雨顺、心醉神迷的云端掉入了现实的人间。冲突也就随之而来。如果能意识到这是亲密关系中发展的必然阶段，认识到这才是与你的伴侣真实相遇的开始，并由此正确对待彼此的差异和不同，那么就能帮助伴侣开始从“全好或全坏”的偏执状态走进现实，看到每个人所真正具有的不同特性，才能开始走向萨提亚女士所说的：“相同使我们吸引，相异使我们成长”。

但是，现在多数独生子女，从小生长在父母亲人的疼爱中，习惯了所有的人都围着自己转，凡事以自我为中心，承受不了角色的转换，很多地方谁也不注意，认为无所谓，反正结婚就万事大吉了。实际上这个时候风险、隐患就埋下了。这可能是一个长期的试错过程。其实婚姻必将经历冲突的风暴和挑战，伴侣双方只有更加信任、诚实而富有责任感，带着更多的决心和努力，才会有自己的幸福。

小练习

如何看待进入婚姻后对方的变化？

点睛

耐心和涵养要比激情、爱情重要得多。

PART SEVEN 第七章

家庭中的细枝末节

“更年期”遇见“青春期”该怎么办?

作为一个现代的父母，我很清楚，重要的不是你给了孩子们多少物质的东西，而是你倾注在他们身上的关心和爱。关心的态度不仅能帮你省下一笔可观的钱，而且甚至能使你感到一份欣慰。

——诺埃尔

小故事

孙怡今年13岁，她最近感觉越来越烦恼：随着年龄的增长，她心中叛逆的想法也越来越多。常常做出和家长对立的事情，总是被家长责备。当家长责备她的时候，她心里会想，难道我独立一点不好吗?

孙怡的妈妈也很烦恼：“我不知道为什么，现在总是觉得她别扭，总觉得她不够努力，不够优秀，一见她在做的事情和我安排的不一样，我就生气，她也好像故意在跟我作对，她以前很乖啊。”

心理分析

人的心理发育要经历两次反抗期，一次出现在2~3岁，表现为任性、不听话、爱哭爱闹；一次发生在青春期，敏感、易怒、任性是他们心理变化过程中很正常的行为表现。青春期大致从12~14岁开始，可能持续三四年。在这个阶段，孩子的心理逐渐成熟，最后成为一个真正意义上的成年人。此阶段的孩子喜欢挑战权威，在孩子心里，这种权威主要是父母和老师。

这种叛逆是不可避免的，也是必需的。孩子只有在青春期经过这种冲突才能一点点地找到自己，发出自己的声音，形成自己对这个世界的认识与判断，在一次次与他人的相处中，形成独特的自己。当孩子在对家长表现出挑战的迹象时，家长最好能表现出有原则的示弱，从而帮助孩子增强这种自信。家长在此时应该告诉自己，孩子跟所有人一样，他们的情绪都是有原因的，只是他们未必能够清晰地表达出来。而且用成人的角度和标准去看，这些原因或许不合理，无须有情绪，但对孩子来说，那些理由是重要和必需的。换用孩子的角度去了解情况时，家长会更容易接受这种叛逆。

对于情绪中的孩子，第一，家长首先要肯定。“肯定”的意思是向孩子表达：你有情绪可能是有你的道理的，我愿意接受，但我们应该一起看看你的情绪。第二，帮助孩子描述他的情绪。不是告诉他们那是应该有的感觉，而只是单纯地帮他刻画出他当时的内心感受，并且帮助他发展一些表达情绪的词汇。认识到这些情绪的存在，孩子便容易了解和处理他们所面对的事情。第三，孩子需要一些时间去表达他的感受。用点耐性，若他正努力地说出情绪，尝试不要打断他们的话题，而是鼓励孩子继续谈。这个技巧最重要的一点就是必须先处理情绪，再处理事情。若情绪处理得好，孩子会平静很多。这时再引导孩子说出事情的细节，相信家长与孩子的冲突一定会少很多。

家是一个感情的港湾，家是一个灵魂的栖息地，家是一个精神的乐园。家就是你和你家人在一起的情感的全部。

小练习

1. 检查自己与孩子经常发生冲突的地方在哪里?

2. 了解自己内心对孩子的期待，把“你所期待的想法与感受”与孩子进行交流。

点睛

青春期叛逆是必然的，孩子只有在青春期经过这种冲突才能初步建立应对未来社会竞争力的基础。从这个角度看，对孩子的叛逆是不是多了些理解与接纳?

为什么我总想安排孩子的生活？

中国式父母偷了孩子的心、孩子的脑、孩子的灵。

——佚名

小故事

5 岁：孩子，我给你报了少年宫。

7 岁：孩子，我给你报了奥数班。

15 岁：孩子，我给你报了重点中学。

18 岁：孩子，我给你报了高考突击班。

23 岁：孩子，我给你报了公务员。

32 岁：孩子，我给你报了《非诚勿扰》……

心理分析

父母大概可以分为 4 种类型：过度保护型——过分娇惯孩子、溺爱孩子；严厉惩罚型——多打骂孩子；过分干涉型——孩子没有任何隐私、主见；温柔理解型——懂得如何关爱、理解孩子，这是孩子都渴望的父母。

上文现象中的以爱为名的程序，生动地描绘了中国式父母对孩子人生的经营与付出。虽然父母们的出发点永远是好的，可是对于被安排的生活，很多已经长大的成年人却表示很难“领情”。因为当孩子已经成年的家长说：“我的孩子离不开我，孩子很需要我”时，潜台词就是：“我很需要一个长不大的孩子”。有时家长们一边在鼓励孩子成长，一边却有意或无意暗示孩子的懦弱与无能。

许多家长一直将孩子视作生活重心、情感寄托，甚至是夫妻矛盾的掩饰工具，因此面对孩子离开后的“空巢”，并未做好足够的心理准备，继而产生失落。他们需要一个孩子，才能感觉到自己更真实的存在价值。对于这样的家长，家庭治疗大师萨提亚曾说：“要让孩子学会双脚站立。”她认为家长们应适时醒悟自身，勿被以爱为名的私欲左右，应该给孩子更多自由成长的空间。

从另外一个角度讲，孩子成年步入社会后，独立承担起自己生活的责任，对生活、社会及人生的看法与选择会越来越成熟，其实，孩子往往比父母更能适应新事物与新环境。孩子在生活的历练中逐渐地形成自己的特色，慢慢地父母就会认识到，孩子是一个家庭的决策人，而非一个需要被照顾的人，也会接纳孩子相对新潮的生活方式。当孩子有一个成熟、稳定、充满自由感的内心时，就会从父母的话语中读出他们的爱心与牵挂。

小练习

思考你是哪种类型的父母？

点睛

孩子，当你在全新的世界里展翅飞翔，提升自己的成熟度，增强自己的独立性时，你也就减少了父母精神上对你的控制，你也能更多地品读出血浓于水的亲情。

你对亲人感情淡漠吗？

树欲静而风不止，子欲养而亲不在。

——汉朝·韩婴

小故事

姥姥前几天去世了。小超是姥姥带大的，姥姥对他很好，每次回家看姥姥躺在病床上他都会难过、伤心，也会经常哭。可是姥姥去世那天小超却哭不出来了，也不那么难过。有时他会不相信姥姥真的没了。有时又自责姥姥真的不在了，可是当时为什么不难过。现在的心情是难过加自责，每天都想这件事。

心理分析

人们学习如何获得东西，却没有学习如何面对失去。面对亲人的离去，人们会精神恍惚，注意力不能集中，感觉麻木。这种麻木可能是精神上的，也可能是情绪上的，麻木持续的时间有个体的差异。面对亲人的离去，人们也会出现睡眠紊乱，饮食习惯改变，情感如过山车般起伏，情绪常常大起大落。亲人的离世常常是重要客体的丧失，这种突发的创伤，会引发心理隔离作用，会让人看起来什么事也没发生过一样，就像上文描述的样子。但是，亲人的去世带给人们的哀伤是真实存在的。这种哀伤如果不平复，会不断地累积，这种累积会深深地影响一个人重拾快乐的能力，这样的影响也可能会持续终生。

直面哀伤，平复哀伤，是人们一定要做的事情。平复意味着重新寻找人生的意义，不再害怕再次受到伤害；平复意味着可以笑谈人生的美好回忆，而不会勾起记忆中的伤痛，不再伴有悔恨与心酸；平复也意味着对他人更好地包容；平复更意味着面对人生失去的洒脱，让我们可以更好地去爱和珍惜我们的所有。

对亲人离世后进行的固定的悼念仪式，于生者有着重要的心理修复功能。悼念仪式有明确目的性、程序性，这些仪式会陪伴我们的哀伤，也会给失去画个句号，促使我们开始内心的转变。每个人都可以建立自己悼念故去的亲人的仪式。

要学会适应逝去的亲人已经不存在的新环境，扮演一个尚不习惯的新角色，并掌握以前不具备的一些生活技巧，从而适应新的环境，对自己的生命、生活承担起自己的责任。就如一位丧子的母亲所写："直到最近，我才注意到生活中有些事物仍为我开放，让我快乐。我仍会为我的孩子哀悼，我对他的爱的回忆会永远活着，但是生活会继续下去，不管怎样，我必须健康地活下去。"

小练习

面对亲人的离去，你想表达什么？在此过程中新的思考是什么？

点睛

直面哀伤，平复哀伤，是人们一定要做的事情。

今年春节去谁家？

我相信家庭与外界是截然不同的，它可以充满爱、关怀及了解，成为一个人养精蓄锐的场所。

——萨提尔

小故事

这几日小江夫妻谈论到了以后怎么过年的问题。以前过年，小江都陪着爷爷奶奶一起过。现在小江妻子的意思是说各回各家，被小江坚决否定了，“过年不就是要家人一起过吗，哪能这样”。于是小江建议把双方父母都接到一起过年。这个主意妻子赞同，但也不能每年都这样。妻子的父母过来很方便，有段时间几乎是每个周末都过来。但小江爸妈不一样，一个是路程远，还有一个是小江爸爸还要上班，年前的假期不多，匆匆来几天，最迟初二就要赶回家去看爷爷奶奶。小两口因为这事，没少吵架。

心理分析

过年要回哪个家？做丈夫的一般会认为，过年就该带媳妇回自己父母家；而做妻子的则认为，“大家都是独生子女，凭什么你爸妈要人陪，我爸妈就不要”。回谁家过年，成为“双独”夫妻的新年首役。

新修订的《老年法》（草案）规定："家庭成员不得在精神上忽视、孤立老年人"，特别强调"与老年人分开居住的赡养人，要经常看望或者问候老人"。这就是大家所说的"常回家看看"。

按照"出嫁从夫"的中国传统，妻子要在夫家度过除夕夜，过年后，丈夫再陪妻子回娘家，夫妻各得其所。但有两个因素打破了旧时的传统，一是城市化的加剧和人口的自由流动，大批年轻人远离故乡就业，"走娘家"不再像以前那样方便；二是独生子女政策的推广，社会产生大量"双独"家庭，原本以团圆为主的传统亲情掺入强烈的竞争性因素，双方父母都只有一个孩子，谁家该在除夕团圆，谁家该守空房？

现在社会上有几种方式来解决这个问题：第一种，传统型——在婆家过年，初三回门。这是一些夫妻在纠结后做的选择：还是按传统，除夕在婆婆家过年，初三回门。小两口的决定双方老人都接受了，只是辛苦了老家不在一个城市要两地奔波的小两口。"挺累，可没办法，为了让老人开心嘛，只能年轻人累点了！"第二种，三合一型——一起过年快乐多。"把双方老人接到一起过年啊！"三家六口人一起过年。这也是一些年轻夫妻做的不错的选择，也会很热闹。第三种，各回各家型——双方老人都不冷落。每年过年一放假，夫妻各自买好车票，各回各家。过了初三，一方再到另一方家中团聚。"各回各家，谁的老人都需要儿女陪，尤其是过年"，这也是一些夫妻做的选择。还有的小夫妻是轮流型过年的，结婚第一年在婆家过，第二年在娘家过，依此类推。这样哪家也挑不出来理，小夫妻也少奔波一趟。也是不错的选择。

到底去谁家过年，关键的问题在于夫妻间的沟通。建议在沟通到底去谁家过年的过程中，一些敏感的话不要提，千万不要批评对方的家庭，即便对方自己平常也这么做，但他/她不能容忍你对这些主题说三道四。另外，不应该将对方固定在一个恶劣的形象中，比如指责对方"无论如何，你总是这个样子"，为对方贴上一个不好的标签，没有任何益处。最后，不要将到底去谁家过年演变成一场夫妻间权利的争夺战。

小练习

今年，你们到底去谁家过年？如此决定的原因是什么？打算如何沟通？

点睛

到底去谁家过年，关键在于夫妻的沟通，千万不要批评对方的家庭。

如何处理母亲与妻子的关系？

女无不爱，媳无不憎，劝天下家婆减三分爱女之心而爱媳。妻何以顺，亲何以逆，愿世上人子将一点顺妻之意以顺亲。

——中国古训

小故事

小杰对妻子很好，结婚6年从来没红过脸。可是有一次竟然因为妻子嫌农村公婆脏这点事，把妻子狠狠地打了一顿。事后，小杰也很后悔。每当母亲说妻子这不好那不好时，他觉得自己就像变了一个人似的。现在他不知怎样才能平衡母亲与妻子的关系。

心理分析

要想更好地理解婆媳间的矛盾，我们可以依照发展心理学的观点，从母子关系开始谈起。母子关系要经历多次分离，分离的结果是孩子由纯然地对母亲的依赖到自己独立地探索世界。如果分离成功的话，母亲除了对孩子尽必要的照顾之责外，会把生命的重心放在自己身上，依然追寻自己的情感、事业及成长；孩子则可以自由地发展自己。假若分离不成功，就会导致母子的“情感依恋”及“互赖”的现象——孩子躺在母亲的怀里不想长大或长不大，母亲会牢牢抓住孩子不放。这样的孩子长大结婚后，母亲想回到从前儿子只对她一人依恋的局面，情绪行为就会出现多变、敏感、脆弱。母亲会更多地涉入儿子的婚姻生活，很难做到接纳媳妇。

婆媳关系矛盾，儿子往往具有协调的重任。儿子是婆婆和媳妇的纽带。所以，儿子情商要高一点，比如母亲来家里住一段时间，那么在母亲来之前，最好先和妻子达成共识。有些原则性的事情、母亲敏感的话题，要与妻子有交流，达成相互谅解和包容的共识。当母亲走后，要感谢妻子对母亲的接纳与孝顺。如果母亲总是在儿子的面前说妻子的不是，那就让她唠叨吧，一边听一边随声附和两句。要明白，当你多陪伴母亲时，也许你们的话题就会转移。

小练习

你如何看待婆媳关系？你在处理婆媳关系时，扮演怎样的角色？

点睛

婆婆、儿子、儿媳这个三角关系中的每个人如果都能推己及人，多为对方着想，婆媳和谐不是不可能的。当然，在这个关系中，儿子扮演着重要角色。

如何处理大家庭和小家庭的关系？

家和万事兴。

——中国谚语

小故事

小张切身体会，维护两个家庭的和谐真的很难。一个家庭中，除了自己的小家庭，还有自己的父母、对方的父母。婆媳关系、女婿与岳父母关系错综复杂，真的不知如何才能处理好这些内部矛盾。

心理分析

大家庭与小家庭的关系，如婆媳关系、与岳父母关系，真是剪不断理还乱。那如何处理好大家庭与小家庭的关系呢？

第一，谁家父母来了，另一方要多些积极主动的关注与照顾，多陪伴对方的父母说说话，或是外出游玩。另外，谁的父母来了，谁都会与自己的父母走得近些，仿佛回到了自己的原生家庭，另外一方不免会觉得自己有些被冷落，此时，夫妻双方要照顾彼此的情绪，不能让另外一方觉得自己被冷落了。

第二，在大家庭与小家庭的关系中，谁来照顾孩子，怎样照顾孩子常会成为一个焦点。父母与子女在照顾孩子的问题上会有差异。小家庭的父母觉得自己有一套科学的育儿方式，大家庭的父母认为自己的方式也不错。这时，争执在所难免。发生这种情况时，小家庭的父母不要认为不同的方式就是对立的。听听父母的建议，也许可以互补。

第三，岳父母的关系与公婆的关系不是对立的。这应是小家庭的夫妻要秉承的理念，自己应该先替对方家庭着想。这里有一个基本的假设就是双方都是善意的。如果总是想对方家庭是自私的，问题可能就复杂了。记得有些小家庭的夫妻常为“给父母买多少礼物”、“为何你家的礼物比我家的贵重”而争执，这就是太没有必要了。对于一对平等的夫妻来说，两个家庭都是同等重要的，不能厚此薄彼。关键是小夫妻双方要有明确的约定或是默契，不要等到忍无可忍才爆发。因为中国人一般将自己与父母联系得很紧，认为父母是自体的一部分，如果对方不尊重自己的家，就是在贬低自己，其内心的体会与感觉可想而知。

小练习

想想你的小家庭与大家庭的关系怎样？哪部分是你满意的，哪部分是你不满意的？

点睛

处理好大家庭与小家庭的关系，总是或多或少地影响着两个人情爱，成为小夫妻情爱的背景。

如何面对即将离去的亲人？

死亡，会带给人强烈的生命体验，它不仅让我们悲伤，也让我们获得一个机会，重新面对自己的生和死，并重新思考要怎样活着……

——约翰·堂恩

小故事

小旋参加工作的第一年，父亲就被查出肝癌晚期，她和母亲都无法接受这个事实。妈妈现在也病倒了，每天在输液。一时间，小旋觉得自己的家散了，既还没有好好孝顺父母，也还没有功成名就，更舍不得爸爸。人生真是太脆弱了，从没有想过爸爸会离开自己，她一点也不能接受。小旋爱爸爸。面对爸爸一天天的消瘦，她的心都快碎了，她很害怕。

心理分析

事实上你正在面对死亡与分离，这是一种充满丧失感的情绪。

分离是人生的底色，没有人能逃脱。刚才，我们还在一起，你我距离是那样近，我们可以听到彼此的呼吸、心跳，但我们同样要面对下一刻的分离。从此，没有消息。从我们降生到这个世界上，就注定了要面对一次次的拥有与分离。分离令人焦虑。每一次分离，无论是自己主动选择的还是被动承受的，都意味着某种放弃。分离可能会将我们确认的价值观打破，分离会让我们感受到不确定性，分离会让我们感受到撕心的痛。但是，分离是必要的。正是在一次次主动与被动的分离中，完整了我们自己的独特生命。分离能帮助我们与他人相区分，从而成为真正的自己，感受生命的逐渐饱满。

面对死亡，我们发现人在不同的年龄阶段，对生和死、对生命的认识，从无法理解到知道后的抗拒，再到逐渐接受，这个过程就像一道美丽的弧线，逐渐对生命有了全新的认识。苦痛与死亡可以让彼此都获得成长——逝者能够将自我更好地整合，处理心灵上那些未完成的事情，让自己真正地放下，不带遗憾地平静离去；生者可以从服务中让自己单纯地爱，去思索人生的意义与价值，在身体还没有死亡的时候，就有机会去思索死亡带给人生的意义，从而变得更为悲悯、善良和完整。面对死亡，我们能做的是：带着爱，带着对生命的珍惜，懂得生命的意义，陪伴将要离去的人。

我们是陪伴者，可以选择这样的交流方式：首先，帮助他作判断，听从他的决定；其次，知道他的渴望，尽可能满足他；最后，还要让他觉得生命有价值，亲人对他的珍惜。温暖地鼓励他尽可能表达自己的想法、恐惧和情绪。坦诚不退缩地披露情绪可以让他顺利转化心境，学习静静地倾听和接受。作为陪伴者，面对你升起的各种感受，处理这些感觉最有效的方法，就是去讨论，公开地面对。能让你谈论的最佳环境就是与情况相同的人组成的支援团体。此外，个人心理咨询也是非常重要的。这样，彼此都有空间可以相处，支持者不再隐藏愤怒和憎恨，所爱的人也不再怀着罪恶感与耻辱感，因为你已经把大部分的重担都丢给团体或心理医生了。

小练习

面对离去的亲人，觉察你的感受，面对它，讨论它。

点睛

死亡，原来是生命的学校！父亲或母亲的去世让我们真切地感受了死亡，看到生命是那么脆弱不堪。我们和他们一样，都是凡夫俗子，都会面临死亡。这就是父母给我们上的最后一课。

PART EIGHT 第八章

做最懂孩子的父母

为什么我和孩子成了“最熟悉的陌生人”？

中国父母有个习惯，愿意把自己的子女当孩子，幼年时是孩子，童年时是孩子，少年时也是孩子，甚至成年了还是孩子。孩子在发展，但父母的教育方式始终固定不变。

——育禾

小故事

又不知哪句话说得不对，儿子甩手回了房间，留下母亲一人委屈地流泪。似乎是在一夜之间，那个还在襁褓里咿呀学语的小婴儿不见了，取而代之的是一个独立、冷酷、任性、叛逆、固执的“反抗者”。母亲不知道为什么，自己一天天看着长大的孩子变得陌生了。共同的话题越来越少，争吵越来越多，似乎这个从来不交房租的“客人”，就是专门惹你生气、让你伤心的。父母很困惑，是什么让自己的孩子成为了“最熟悉的陌生人”。

心理分析

亲子关系僵化主要爆发于青春期。为什么青春期的孩子会有如此大的变化呢？这是因为，青春期孩子经历了巨大的生理变化，更加接近于成人，与此同时，孩子在心理上也同样渴望有成年人一样的权利和自由。然而，在父母眼中，无论孩子多大，始终都离不开父母。这时孩子自身发展的成人感和父母始终不变的权威感成为了矛盾的焦点。

在这对矛盾的激化下，亲子关系日益加剧。父母的集权可能遭到孩子的反抗和报复。由于父母的独断专行，孩子的个性受到压抑甚至屈辱，日益成熟的孩子便开始寻求反抗，于是争吵、矛盾就成了家常便饭。除此之外，孩子的权利和自由长期受到束缚，于是他们开始寻找逃避父母限制和禁令的种种办法，这样便出现了说谎欺骗的行为。时间一长这种品行便固定下来，成为了孩子的“第二天性”。还有内向的孩子选择不断压抑和封闭自我，父母的高压统治使孩子不敢表达自己的真实愿望，久而久之性格也更加孤僻。

这些青春期孩子的通病，如果只是偶尔发生，父母无需担心，毕竟这是成长必需经历的阶段。但如果亲子关系长期紧张，严重影响了孩子的身心发展，父母就要思考并率先从自身做出改变。

“不把少年当小孩”，这是化解矛盾的关键。冲突和反抗是因为孩子渴望平等的“成人式”关系。长期以来，父母把孩子看成需要照顾和管教的孩子，但随着成长，父母不妨把孩子当朋友，尝试把命令变为建议，把指责变为欣赏，逐渐将固化的亲子关系向良好的平等关系过渡。

小练习

反思一下，自己和子女的关系是否还停留在“儿童式”的教养方式中。

回忆一下，有哪些事情可以放手，或者哪些事情可以和孩子交流后再作决定。

点睛

青春期是亲子矛盾集中爆发的阶段。父母的权威感和孩子的成人感不断碰撞，为了摆脱父母的专制，外向的孩子选择吵架、反抗，内向的孩子不断压抑、封闭，孩子在用自己的方式要求平等。作为父母，与其和孩子对抗，不如逐渐放手。

早期依恋关系对儿童成长会产生怎样的影响？

依恋作为一种情感联结，植根于潜意识，对人产生深远影响。

——艾思沃斯

小故事

聪聪的父母都是工人，由于工作繁忙加之住房条件紧张，便把出生不久的聪聪送回了老家跟奶奶住。随着工作和住房的稳定，3 岁的聪聪才回到父母身边。起初母亲觉得这孩子在家时特别紧张，稍微批评一点，他就哭着找奶奶。在幼儿园也少言寡语，总是一个人看奶奶经常陪他看的小儿书。开始母亲觉得是聪聪不适应，可能过段时间就会变好了，可是没想到随着时间的过去，聪聪还是难以接受母亲。母亲觉得从小不在身边的聪聪再也跟自己亲不起来了。

心理分析

在发展心理学中，依恋特指婴儿与父母或者看护人之间形成的稳定持久的情感联结，是儿童最早的社会情感。这种情感植根于人的潜意识，对个人产生深远的影响。比如成年后的恋爱模式、与人交往模式、与他人的信任程度等，均在一定程度上受到婴儿时期依恋关系的影响。

心理学家通过“陌生情景法”研究婴儿的依恋类型。将婴儿放在一个放满玩具的陌生的实验室中，观察母亲在时、母亲离开以及母亲回来时婴儿的不同反应。研究发现，安全型依恋的孩子，当母亲在时能够安心地玩耍，敢于对陌生环境进行探索，母亲在身边能给孩子带来莫大的安全和鼓励。当母亲离开时，孩子会舍不得，但哄一哄孩子就可以独自玩耍，母亲回来时给予拥抱。研究也发现两种不安全的依恋模式，一种叫矛盾型，即母亲离开时大哭大闹，但母亲回来时又拒绝安慰；另一种叫回避型，也称为无依恋型，即母亲是否在场孩子都不在乎，自顾自玩耍。一般来讲 70%以上的婴儿属于安全型依恋。而安全型依恋的形成，与相处时间无关，而与母亲是否能正确理解婴儿的非言语信号有关。

你可能会发现，孩子半岁无论看见谁都会微笑，但半岁后开始对熟悉的人微笑，并且偏好母亲的怀抱。这是因为 6~18 个月是建立依恋的关键期。这时建立良好的依恋关系，会让孩子受益终身。婴儿在早期形成的依恋关系会稳定地延续下去，并影响他之后与人交往的能力。当婴儿与母亲建立良好的依恋关系时，他会认为人与人是能够互相信任，互相帮助的。当孩子长大后，他们同样会与其他人建立这种良好健康的关系，会用父母对待他的方式来对待其他人，会显示出更友好的合作，受到更多人的欢迎。

研究还发现，良好的依恋关系与婴儿认知品质相关。不安全型依恋的婴儿在解决问题时表现出迟疑，难以参加集体活动，更加容易被排斥。而安全型依恋的婴儿善于使用集体策略，在与同伴的关系和探索活动中更活跃，也更容易成功。

小练习

从生活观察中，你能发现早期依恋对于个人成长的深远影响还有哪些吗？

点睛

依恋是世界上最微妙的情感，不同于成人后建立的任何关系，在个体还未形成清晰的意识之前，与母亲的情感联系就已经建立。这种美好的力量对个人的影响深远又广泛。

“期待效应”对儿童成长有哪些影响？

爸爸妈妈永远对我这么有信心，我有什么理由让他们失望呢？

——冯夏婷

小故事

有哪位家长不期望孩子好呢？但在现实生活中，还真有不少家长“不盼孩子好”。家长张先生，一旦发现自己孩子的学习成绩上不去，便十分着急，一见老师就说“我们孩子笨，您可要多帮助”，站在一旁的孩子一次次听到父亲对自己评价，久而久之，孩子相信了父母的话，一旦成绩不理想，开口就说“是呀，我就是笨，我就不是学习的料”。事实上，这是父母无形的“期待”造成的恶果。有些时候，不是我们不希望孩子好，只是家长不了解期待效应的作用，以及如何利用期待效应塑造孩子的自信。

心理分析

心理学家罗森塔尔在一个学校中随意地抽取了一个班，给全班儿童做了一些根本不是智力测验的练习，然后从中随意地选取了5个孩子，煞有介事地告诉老师们，经过我们的严格测试，这几个孩子是这个班最具发展潜力的孩子，他们的学习成绩不久就一定会名列前茅。一年以后，心理学家们回来了，老师们争先向心理学家们报喜，说这5个孩子真的是有潜质，现在各门功课都排在了全班的前列。是什么让随意抽取出来的孩子学习成绩进步得如此之快？其实，是“期待”发挥了重要的作用。老师们相信这些孩子就是优秀的，于是在他们的言行中，甚至目光中都透着对孩子的欣赏。老师坚信这些孩子智力出众，并总能找到这些孩子的长处和优点，久而久之，期待变成了现实，这就是期待效应。

值得指出的是，期待效应可以像实验中一样是正向的（期望孩子优秀，孩子最终实现优秀），也可以像案例中一样成为负向的（诬陷孩子笨，结果就真笨了）。所以这便能解释生活中出现越骂越不成器，越是严加管教越是难管的现象。但如果我们反过来，使用正向的期待作用，你会发现孩子越夸越优秀。

如何在平日的生活中使用期待效应呢？方法很简单，就是做到两步：第一步是相信——无论现在多么糟糕，永远相信孩子会变好。如果连父母都不看好自己的孩子，年幼的孩子很容易失去自信。所以，你要相信，孩子会从你坚定的眼神中对自己坚信不疑。第二步是发现——无论多么糟糕，永远都能发现孩子的优点和长处。也许孩子画画既没创意又没技巧，但如果你说：“你画得那么认真，那么专心，你一定能画好的”，孩子对于绘画的热情仍在，你会从她一天天的练习中发现：“嘿，孩子果真善于画画”。

最后也要提醒家长，家庭教育中的期望效应应根据孩子的实际情况，如果脱离实际去追求孩子不可能达到的期望值，就走到了望子成龙的另一个极端。

小练习

当孩子又做了糟糕的事情，冷静两秒钟，你可以找到孩子在这件事儿中的闪光点吗？

点睛

正确应用期待效应，对孩子的成长至关重要。

夫妻关系对儿童成长会产生怎样的影响？

夫妻关系就像家庭氛围的晴雨表，无论晴天丽日，还是雷雨交加，都会成为孩子的心理背景，烙印在孩子的成长中。

——摇篮网

小故事

徐先生的家庭幸福美满，孩子虽然是家中的独生子但很是听话懂事。同事好奇地问：“为什么您家的孩子如此懂事，我家的孩子简直就是个小皇帝。”徐先生笑而不答，反问到：“你下班回家后是先拥抱妻子还是孩子呢？”同事一脸迷惑：“两者有什么差别？”徐先生解释道：“很多丈夫爱子心切，总是选择先拥抱孩子，而且传统文化也让很多丈夫羞于在孩子面前拥抱妻子。但专家建议，请先拥抱妻子。这是因为，当你把夫妻关系放在第一位时，孩子自然不会以自我为中心，看到父母感情和睦，孩子也会有更多的安全感，在潜移默化中孩子从父亲身上学到了尊重、责任以及关爱。”同事听后感叹道：“原来夫妻关系和孩子的成长间有这么大的学问啊。”

心理分析

首先，在家庭中，夫妻与子女三者之间的感情距离应该是相等的，这才有利于孩子的健康成长。假如全家都围着孩子转，常常重视亲子教育，却忽略夫妻关系，长此以往，孩子容易以自我为中心，对父母缺乏尊重。相反，如果夫妻之间关系过于紧密，孩子被疏远、冷落，那么孩子就会孤独、失落，缺少安全感。长大后容易情绪低落，对人缺乏信任，习惯于与人保持距离。所以，只有把握平衡，灵活处理三者间的关系才能给孩子一个和谐健康的成长环境。

其次，夫妻关系教会孩子待人接物的方式。家庭就像是一个小社会，孩子通过观察和模仿父母间相处的方式方法，潜移默化地学习与人相处之道。夫妻恩爱，相互尊重，孩子也多彬彬有礼，富有爱心。在和睦家庭成长起来的孩子，多有稳定的安全感、归属感，性格多乐观、自信、诚实，遇到困难多采用积极的应对方式。如果夫妻关系紧张，家庭矛盾多，一方或双方有不良生活习惯，或品行不端，这种不良的榜样会对孩子形成反面教育。家庭中吵闹，冷战，充满负性情绪，孩子会压抑、恐惧、自卑，或形成对立、仇恨情绪，甚或暴力倾向。严重者，孩子在家庭之外寻求慰藉，出现早恋，染上网瘾等等。

再次，夫妻关系是孩子将来婚姻模式的启蒙。家庭中夫妻关系的状态，会在孩子的潜意识中留下印记，影响到他/她将来对待异性的方式，以及对待婚姻的态度。如果父母的夫妻关系给孩子留下的都是“战争”一般的记忆，也许他/她会拒绝走入“围城”，即使走入，也没有好的经验可循，或者会再次延续父母的不良模式。如果没有足够的理性和进一步的学习，很难有一个好的婚姻质量。

最后，夫妻双方均有责任维护良好的婚姻质量，避免家庭“冷暴力”。如果夫妻间冷淡、轻视、极少交流，孩子也会成为冷暴力的牺牲品。婚姻中，夫妻是最亲近的人，很多时候需要留意彼此的感情变化，不要因为繁忙的工作或者将注意力全部集中在孩子身上而忽视了对方的感情需求，通过自己对婚姻的投入给孩子树立正确的婚姻榜样，这也是用行动给孩子上的重要一课。

小练习

你会在孩子面前“秀恩爱”吗？对这件事你怎么看？

点睛

在孩子面前表现出夫妻间的恩爱，不仅是给孩子树立了良好的婚姻榜样，还潜移默化地教会了孩子待人接物的方式方法。

怎样理解“男孩穷养、女孩富养”？

关于男孩和女孩的教育培养问题，在塑造性别上是有差异的，但在培养高尚人格上是没有差异的。

——佚名

小故事

总说“男孩穷养、女孩富养”，这似乎是教育子女的金科玉律，但也有一位母亲分享了她“穷养男孩遇见富养女孩”的尴尬故事。陈女士为了培养儿子独立节俭的品质，很少给儿子买贵重的礼物，甚至经常有意锻炼孩子吃苦的本领。而王女士为了培养女儿的气质，开阔眼界，经常带着女儿去旅游，买名牌。两家都认同，男孩要穷养，女孩要富养。

一次偶然的机会两家一起去三亚，男孩觉得只要住干净家庭旅店就可以，女孩则觉得住酒店要有泳池和服务生；男孩觉得路边烧烤很有特色，女孩觉得不卫生；男孩习惯坐公交，女孩习惯打的……一路上，完全按照“男孩穷养、女孩富养”的两家发现了巨大的差异。男孩母亲后悔没带孩子多见世面，女孩母亲也后悔没让孩子养成勤俭的品质。到底哪种教养方式正确呢？

心理分析

关键是何为“穷”、“富”。这里的“穷”、“富”绝非金钱意义，而是品质、毅力的体现。“穷养儿”是对男孩一生的投资，“富养女”是一种文化修养的投资。不论富养或穷养，都需要把握适度原则。“男孩穷养”不是要把男孩养得邋里邋遢，没了自信和智慧，而是让他养成坚强、独立自主、克制物欲、勤俭持家、奋发图强的优良品质。“女孩富养”不仅仅指物质上的富足，更是教育上的精致，通过丰富的教育，让她眼界开阔，尊重他人，做一个有品位、有气质的女孩。

“男孩穷养、女孩富养”的误区：有些家庭认为女儿要“富养”，于是尽可能为她创造优越的条件，让她懂艺术、上好学校、穿好衣服，培养她优雅的举止和良好的气质；而儿子要“穷养”，让他从小学会吃苦，养成坚韧、自强、自立、自信的品质。但这些做法只体现了物质条件的不同，对“穷养男孩富养女”是存在误解的。如果以为“富养女儿”就是无限满足女儿的物质需求，不讲究方式方法，不注意性格、情感、精神的培养，那么势必对孩子的未来成长和发展造成不利的影响。在培养高尚品质方面，男孩女孩同样肩负着社会责任，同样需要养成自信、自强、自立的优秀品质。

但不可否认，“男孩穷养、女孩富养”也存在其合理性。社会对男孩和女孩有不同的期待和标准，这就是性别角色社会化的差异。著名教育家陈家伟曾建议说：“女孩可以在艺术方面多一些熏陶，培养温柔优雅的气质，男孩则可以在体育方面多一些引导，培养坚强勇敢的气质。”

小练习

现在，你知道所谓“穷”、“富”的含义吗？你有什么新的看法？

点睛

“穷”、“富”不是简单的金钱概念，无论男女都需要富足的文化投资以培养高尚的品质。而性别角色的差异，确实需要男女不同的引导。总之，要把握适度原则。

为什么说沟通是构建和谐亲子关系的有力保障?

沟通不仅是技术，更是艺术。

——佚名

小故事

经常听身边父母抱怨：“孩子越大越没话说。”母亲杨女士说：“原本是想关心孩子，可是不知怎地孩子就是不领情；本想说些知心话，却发现孩子心不在焉。”上初二的小明也无不失望地说：“和父母没有共同语言，本想说说在学校的事情，可父母总是妄加评论；也想和爸妈说说心里话，可一想到他们又讲大道理，不说也罢。”

心理分析

所谓沟通，是双方相互的信息交流。但在现实生活中，父母总希望孩子听话，这便在无意间将沟通变为了单方面的要求。同一件事讲了多次孩子都不听，或者是错误的行为一再发生，这些让父母在沟通中失去了耐心。其实，这反映了父母在交流初期就将自己放在了权威的位置上，孩子只有听话的份儿，没有争辩的资格。这种沟通非但不能拉近亲子距离，还可能导致更严重的代沟。

其实，孩子在接受教育时是有选择性的，并非所有正确的、应该实施的教育内容都会为他们所接受。孩子只接受乐于接受的内容。我们发现很多父母往往注重沟通内容，而忽视了沟通方式。殊不知，由于孩子所处的不同年龄阶段，在知识容量、心理接受和生活经验等方面都和父母存在较大差距，有些在父母眼里简单易懂的道理，在孩子看来却未必简单。因此，父母应该根据孩子的年龄特点，选择适合孩子的沟通方式。只有使用孩子乐于接受的沟通方式，父母的话孩子才听得懂，也乐于听。

对于幼儿，父母不妨将自己想象成孩子，尝试用孩子的心态去看待问题。在游戏和故事中让孩子明白道理。说教对于理解力有限的幼儿效果较差。

对于学龄儿童，在沟通中多一些客观的鼓励和赞美。学龄阶段的孩子自尊心强，往往父母的评价也是孩子形成自己概念的重要参考，在平日的生活中多一些鼓励和赞美，不仅激发了孩子的热情，也保护了孩子的自尊心。

对于青春期孩子，沟通以倾听为主。也许父母对青春期孩子很多观念都不完全理解，也不完全接受，但孩子愿意将心里话告诉父母，本身就值得鼓励。而且青春期孩子的特点就是不稳定，随着成熟，很多想法会自然改变。与其批评和指责，抹杀了孩子表达的愿望，不如只是耐心地倾听，有时候只是倾听就足以促进良好的亲子关系。

小练习

留意一下你和孩子的沟通特点，下面的句式是否经常出现：

（1）命令式：你给我闭嘴。

（2）威胁式：我警告你。

（3）说教式：你不应该。

（4）否定式：我就知道你不行。

请尽量避免使用这样的句式，尝试用鼓励、积极、肯定的语言交流。

点睛

只有平等的交流才能促进亲子关系的和谐，单方面要求“听话”不是沟通的目的。沟通不仅强调内容，更注重方式。因此，对于不同年龄阶段的孩子要注意不同的沟通技巧。

怎样做才是尊重孩子？

尊重是教育的最高原则，没有尊重就不可能实现真正的教育。

——马可里里

小故事

尊重就是让孩子拥有选择的权利、享受自主的体验。峰峰是家中的独子，小时候，父母担心孩子受伤害，代劳了从吃饭到穿衣几乎所有的生活琐事。上学时，父母担心孩子成绩落后，不论孩子是否需要，强制孩子上各种补习班、兴趣班。到了青春期，父母又担心孩子脱离管制，于是要求更多、看管更严。殊不知，这种剥夺自主、代劳一切的教养方式都是不尊重孩子的表现。

心理分析

教育专家指出，孩子最初的受人尊重的感觉是从父母那里得到的。3 岁左右的儿童便开始有了自主探索世界的需求，比如尝试自己拿勺子、自己穿衣服等等。但很多家长不自觉地代劳了所有事情，无形中剥夺了孩子自主发展的权利。当孩子长大，很多事情却不会做的时候，父母又开始指责和抱怨，这其实对孩子是不公平的。来自父母的尊重也是培养孩子自尊自信的基础。每一个孩子都拥有丰富的情感和个性，只有充分尊重孩子，给予独立发展的空间，孩子才可能逐渐形成健全的人格。

怎样做才是真正尊重孩子呢？

一方面，要遵循孩子成长发展的自然规律。无论是孩子的生理发展还是心理发展，均有其自身发展的内在规律。同时，每一位父母都希望自己的孩子将来学习好、工作好、生活好。受此心愿的影响，我们越来越急切地想让孩子提前学习各种文化知识，以便他们将来进入小学后学得更好一点，更轻松一点，将来走得更顺利一些。但是，如果违背了孩子发展的自然规律，往往会把事情弄得很糟，这样不仅达不到父母的预期效果，还会影响孩子的正常发展。

另一方面，要给予孩子一定的自主空间。现在的孩子受父母支配太多、指责太多，家长往往把自己太多的想法强加给孩子，望子成龙、望女成凤是很多家长的期望，强制性灌输给孩子太多的知识，剥夺了孩子游戏和自我探索的时间和机会，这是不尊重孩子的表现。有些家长自认为是爱孩子，把所有诸如吃饭、穿衣的琐事都包办下来，剥夺了孩子锻炼自理能力的权利，这也是不尊重孩子的表现。同时，孩子由于过早地承受太多的学习压力，从而早早地失去了童年的乐趣，没有正常孩子那样的欢乐，这将影响他们的社交能力和其他各种能力的发展及心理发育，他们很难发现自我价值。

所谓尊重孩子，其实就是在自由发展和遵守要求之间做好平衡。专制命令绝不是尊重，但放任溺爱也不是尊重。俗话说："没有规矩，不成方圆。"只有自由与规范相结合的教育才真正有利于孩子的身心健康发展。因此，做到"爱而不娇，严而有格，宽松而不放任，自由而不放纵"，才是尊重的真谛所在。

小练习

无论你的孩子处于什么阶段，你可以找到尊重孩子的正确方式吗?

点睛

“尊重”看似一个很大的概念，其实都融合在生活的方方面面。比如，让幼儿园的孩子上车自己刷卡，让孩子体验自主的感觉，这就是尊重，让上学的孩子根据自己的意愿选择兴趣班，让孩子拥有选择权，这也是尊重；用平等的态度交流，倾听孩子的心声等，都是尊重的表现。

为什么要赏识孩子？

教育孩子的全部秘密在于相信孩子和解放孩子，而相信与解放孩子的前提就是赏识。

——陶行知

小故事

一次考试后，老师将班里成绩最差的十几名学生及家长叫到学校，当着家长的面逐一训斥孩子的缺点。在老师的训斥下，家长的脸由红变紫，由紫变青。忍不住冲上去对着自己孩子劈头盖脸一顿毒打，把内心的耻辱向孩子身上尽情地倾泻。然而，成绩倒数第一的那位学生的母亲，不但没有像其他家长那样做，反而把双手搭在孩子的肩上，用无限慈爱的目光久久地凝视着自己的儿子，不久母子两个人眼里都含满了泪花。当别人不解地问这位母亲时，她回答："你们任何人都可以看不起我的儿子，但作为母亲，我没有理由不为儿子自豪，我相信他是天下最好的孩子，要我打儿子，永远办不到！"为孩子自豪就是给孩子力量！孩子在父母的自豪中会变得自爱、自信和自强。

心理分析

每个孩子都是既脆弱但同时又蕴藏着巨大潜能的。脆弱容易让孩子产生自卑心理，而潜能的发挥需要良好的环境才能激发出来。因此，需要给孩子充分信任的眼光、信任的语言和信任的力量。

信任在孩子表现出优点时容易做到，而在孩子表现不尽如人意时，家长往往感到失望，失去信任的原动力。其实，这时候的孩子更需要家长支持。尤其对于年幼的孩子，家长的评价是孩子形成自我评价的重要参考，如果父母认为孩子认真、踏实，孩子也会相信自己就是认真并且踏实的。

父母要想让孩子成为一个优秀的人，就应该不断地鼓励孩子，用欣赏的态度和信任的力量去发现孩子的过人之处，并及时地告诉孩子："宝贝，你真棒"、"今天表现得真不错"、"孩子，你一定行，我们相信你"。久而久之，孩子真如你所赞赏的那样，成为一个人见人爱的好孩子、好学生了。

但同时要注意，避免空洞和频繁的表扬。忌用"你最棒"、"你比其他人都做得好"等表扬，如此的赞美会使孩子变得自大和目中无人。当孩子发现自己并非家长所说的"最好"时，会产生疑惑、愤怒、无法接受等心理。赞赏孩子的耐心、专心、有毅力等优秀品质，而不是只赞赏他聪明。过分及不当的鼓励，或太过高调、夸张的鼓励，要么使孩子麻木，要么使孩子在遭逢挫折的时候无法振作起来。

小练习

在孩子不尽如人意时你是否也能找出孩子的优点呢？例如，如果孩子成绩没有达标，但在考前非常担忧。家长是挖苦孩子："平时不努力，临时抱佛脚有用吗”，还是应该发自真心地说：“你其实对学业很重视，并且希望有所进步”？父母的最大本事就是总能发现孩子的长处，并真诚地告诉孩子。

点睛

赏识就是要做到：

相信——相信自己的孩子是有潜力的。

尊重——尊重自己的孩子的特点，不与别人相比。

宽容——宽容孩子的过失，并在逆境中发现长处。

提醒——当你发现孩子的潜能、长处和优点时，毫不犹豫地告诉他。

怎样洞察孩子的情绪？

当孩子愤怒、沮丧、悲观时，最需要被理解。

——拓蒂

小故事

“这饭太难吃了！你真讨厌！”10岁的妍妍对着妈妈大吼大叫。妈妈的第一反应就是：“居然敢这样对我说话！”紧接着妈妈觉得更加愤怒：“我到底什么地方做错了，这孩子一直带在自己身边，我在她身上付出了所有的心血，难道我得到的就是这样的回报？”妈妈越想越生气，痛骂妍妍……

心理分析

案例中的事情无论发生在哪位母亲的身上，都一定会生气。但让我们冷静一下，如果因为孩子发脾气，我们就不分青红皂白地跟着发脾气的话，不但无法平息矛盾，还会让孩子以为面对愤怒的人也只能通过发脾气来解决。难道妈妈不好奇，为什么今天孩子会对饭菜如此挑剔？她在学校发生什么事儿了？因为孩子年龄尚小，有些时候并不能准确表达出她的想法，只能通过情绪来发泄。而母亲正是孩子最信赖、最有安全感的对象，于是便把情绪发泄到了母亲身上。这时，不应该指责孩子对长辈不尊重的错误，而应优先处理孩子的情绪。成年人在气头上时，尚且做出不理智的行为，更何况孩子。有时候不是道理不明白，而是情绪暂时遮住了眼睛。所以，母亲可以暂时放下道理去处理情绪，不妨问问孩子“今天火气这么大，发生什么了”。在母亲的引导下，妍妍说出了在学校被老师批评，心中委屈的事情。当妍妍说出让她真正愤怒的事情时，孩子自己也意识到刚才对母亲的失礼，不好意思地说：“我不是成心的，妈妈你今天做的汤真好喝。”

什么是理解？不是明白孩子的语言，也不是简单地明白孩子的想法，最根本的是理解孩子的情绪。心理学家说：“终其一生，也只有自己最了解自己。”也就是说，我们每个人都有属于自己独特的内心世界，并非我们所有的观点都能得到别人的认可。但情绪是人类所共通的，也唯有情绪是可以被理解，也是最需要被理解的。

理解需要冷静。尤其是当孩子有愤怒、沮丧、悲观的情绪时，爱子心切的父母往往控制不住自己的关心，看见孩子沮丧就匆忙出谋划策，看见孩子抑郁就匆忙劝其开心，其实这些都只停留在道理层面上。由于情绪阻碍了孩子处理问题的能力，这些道理她都听不进去。所以，父母需要冷静，优先疏解孩子的情绪，当你从情绪而非冷冰冰的讲道理入手时，孩子就能感受到被理解。

理解需要一些经验。父母除了关心孩子的起居生活，更重要的是关心孩子的心理感受。朝夕相处间，留意孩子的脾气秉性，及时发现一些情绪上的蛛丝马迹，不要日积月累地压抑。当你敏感地发现孩子情绪上的变化，并及时表达你的关切，孩子也会感受到被关心、被理解。

理解最重要的是需要“爱”。其实所谓理解就是将心比心，理解孩子的情绪最重要的是把自己放在孩子所处的情境中，而不是空谈道理。想象一下，如果一个孩子兴高采烈地跟你谈论自己想当流浪歌手的理想，是用你的理性告诉孩子“这不好”，还是告诉孩子“如果我是你也可能喜欢当歌手”，这二者哪一个更能让孩子觉得父母是可敬可亲的呢？

小练习

当孩子发脾气时，你该如何处理？

提示：先舒缓情绪，然后表达关爱，最后提出建议。

点睛

理解孩子，不是简单地明白孩子的语言，而是理解孩子的情绪。只有孩子感受到自己的情绪被父母所接受，他才有可能感受到被父母接纳和理解。

怎样给孩子做榜样？

父母是孩子的镜子，孩子是父母的影子。

——佚名

小故事

妈妈发现孩子这几天总是有点不耐烦，玩魔方玩到一半，还没几分钟就把魔方丢了，看书时也是一样。妈妈就问孩子怎么了，孩子说“我学你啊”！原来，妈妈在写作时碰到不顺的地方，就很不高兴地把稿子弄成团，丢到垃圾桶。这个动作被孩子看见了，就跟着妈妈学了。于是，妈妈赶紧跟孩子说“对不起”，并不再在孩子面前表现出不顺的神情。果然，没过几天，孩子不耐烦的举动便不见了。

心理分析

都说父母是孩子的第一任老师，家庭是孩子成长的肥沃土壤，在孩子的成长中，父母起着非常重要的榜样作用。这一点无可厚非，无论多大的孩子，父母的言行都会潜移默化地影响孩子，尤其对于年幼的孩子，父母就更是孩子的“样板”。正所谓“父母是孩子的一面镜子”，就是这个道理。

但另一方面，“孩子也是父母的影子”。当孩子犯错误时，父母是否应该先反思一下自己的行为。很多父母把自己视为权威，视为孩子的榜样，但事实上，人无完人，每个人身上都存在不足，而孩子恰恰能反映出父母身上的不完美。因此，教育子女的过程也是父母自身再成长的过程。

为人父母是一门大学问。任何人都不是天生的教育家，在教育的过程中父母也会犯错误，就像孩子在成长过程中犯错误一样。孩子需要通过学习不断改正，父母亦然。就如同现在你正在通过阅读学习教育孩子的技巧一样，这本身就可以成为孩子模仿的对象——遇到问题求助书本。其实，父母和子女的关系十分微妙，很难说清楚到底是谁在教育谁。当父母开始意识到这一点，你便开始与孩子处于平等的地位，你会发现孩子的错误不是那么的难以饶恕，你会发现孩子的过失是如此的宝贵，因为它不仅是教育子女的宝贵时机，也是完善自身、发现不足的宝贵契机。带着这样的心态，你会享受与孩子一同成长的过程。

小练习

留意一下孩子的错误，从他的身上，你是否看见了自己的影子？

点睛

孩子在向父母学习的同时，父母又何尝不能在孩子身上看见自己的不足呢？通过孩子的错误你也可以反思自己的不足，快乐地与孩子一同再成长！

PART NINE 第九章

给孩子安全的港湾
（幼儿期）

如何回答孩子“我从哪来的”？

“人之初，性育始”，性的教育不是从青春期才开始，而是应该越早越好。

——《婴幼儿科学性教育》

小故事

公交车里上来一个大肚子孕妇，这时听到一个大约四五岁孩子的声音：“妈妈，为什么那个阿姨肚子那么大？”妈妈说：“那个阿姨肚子里怀着小宝宝呢。”小孩听了一脸惊讶：“天啊，那个阿姨的肚子里有个小孩儿。”接着急忙又问：“妈妈，小孩是怎么进去的？”孩子的问题引来了全车人的注目，年轻妈妈有点难为情，让孩子别问了。但小孩的好奇心上来就有一种打破沙锅问到底的倔劲儿，一个劲儿地问：“妈妈，我从哪来的？”“妈妈，我以前也在你肚子里吗？”全车很多大人都在抿嘴微笑，年轻母亲实在不知如何解释，只能搪塞说：“这个问题太复杂了，你长大自然就知道了。”其实这样的故事不胜枚举，很多3岁左右的孩子都会询问：“我从哪来的？”但调查显示，竟有90%的父母不知道如何回答。老一辈的父母羞于启齿，用“捡来的”搪塞过去，年轻的父母愿意如实告诉孩子，但至于怎么解释，解释到什么程度，仍然困惑。

心理分析

当孩子问“妈妈，我从哪里来”时，孩子只是想知道自己是如何来到这个世界的。但心慌的父母往往把孩子的问题与成年人的性生活联系在一起因而感到尴尬。事实上，这是完全没有必要的。并且对于孩子的提问，家长不应回避。性科学研究发现，每个孩子在很小的时候，便在父母的指导下开始区分性别，尽管并不十分清楚为什么要区别，但对异性仍产生了某种距离感。所以当孩子向你提出任何与性有关的问题时，往往都是下了很大决心，在这个时候一口回绝，或者顾左右而言他，都会加重孩子的困惑，并且很可能使好奇心演变为心理阴影，为今后的成长设置障碍。所以，坦率回答是第一步。

通过回答“我从哪来的”，让孩子体会到生命的来之不易，从而热爱父母，珍惜自己的生命。这也是幼儿性教育的重要内容。孩子是父母相爱的奇迹。父母在茫茫人海中相遇、相恋，并且决定永远爱着彼此，于是他们结婚，建立自己的家。这是第一个奇迹。结婚后父母想有一个孩子，这样家庭就会更加完美和幸福，于是，父母就生下了宝宝。这又是一个奇迹。每一个孩子都是父母创造的奇迹，他们都是父母的宝贝。这就是对孩子进行情感教育的好机会。“爱”在孩子们的眼中是幸福和美好的事情，父母相爱使孩子内心充满幸福和安全感，同时会让孩子感觉自己是幸运的，生命也是如此温馨和珍贵。

专家指出，性教育宜早不宜晚，而且不同年龄阶段进行性教育的重点也不尽相同。针对幼儿提出“我从哪里来”的问题，一方面，可以作为进行爱与生命教育的良好契机；另一方面，家长还可以抓住机会进行性安全、性道德教育，比如教导年幼的孩子，异性触摸自己私处是不友善的行为。而对于步入青春期的孩子，再进一步告知过早与异性进行性接触很可能对身体和心理产生危害。

小练习

练习一下，如果孩子问“我从哪来的”，你会如何回答他？

点睛

幼儿性教育是不能回避的问题之一。父母可以抓住这个机会，对孩子进行爱与生命意义的教育，并且使用幼儿可以接受的语言对孩子初步进行性安全教育。总之，性教育宜早不宜迟，不同年龄重点不同。

内向孤僻的孩子是不是有自闭症？

内向本身没有好坏，孤僻性格可以改善，问题关键在于家长的评价。

——《内向性格的理想》

小故事

媛媛是一个内向害羞的女孩子，当班里小朋友们热火朝天地讲着自己的五一见闻时，媛媛只是静静地在一旁听着；当小朋友们在大型玩具上开心地爬上爬下追逐嬉戏时，媛媛坐在秋千上静静地看着；当小朋友们拿出从家里带来的玩具交换时，媛媛抱着她的布娃娃独自玩耍……家长很担心媛媛会不会得了自闭症。

心理分析

有些时候我们往往将内向和自卑、脆弱、害羞、敏感联系在一起，认为“内向的孩子吃不开”。但事实上，正是由于家长的这种担心，孩子才会在自己表现内向的时候责备自己“为什么没有像家长期望的那样开朗”，于是自卑与敏感开始滋生。内向本身没有好坏，问题的关键在于家长的评价。

性格内向的孩子，原因首先一部分来自于遗传。性格也能遗传吗？研究证明性格可以遗传。婴儿从一出生，其神经传导的速度以及活动强度都已经具有了鲜明的特征，可以说这就是最早的性格萌芽，在人的一生中是极其稳定的。

但内向演化为孤僻，更有可能是后天环境造成的。其中最重要的是家长的评价。比如孩子在生人面前不好意思表现，家长可能就会说“小伙子怎么能扭扭捏捏”，或者信誓旦旦地说“自信需要培养”。殊不知，正是这种家长自以为是的期待与愿望，导致了本身内向的孩子一步步走向孤僻。天生内向的孩子本不善于表达，但当他们表现出退缩、害羞甚至害怕的时候，家长没有及时地理解，反而是指责，这让孩子更加不接纳自己的天性，他们会从家长的评价中形成这样的观念：“内向不好”。于是当孩子再次表现出内向行为时，他们会自责，觉得自己做得不够好，慢慢开始自卑、在意他人评价、远离人群。

环境因素是复杂的，除了家长的评价，儿童早期经历的影响也很大。比如父母离异、病故而缺少家庭温暖，容易导致对周围事物冷漠；严厉的教养方式，易使孩子压抑自己的情绪；还有就是和长期看电视、上网有关，长期依赖电视、电脑，孩子缺乏人际交流，也是孤僻的重要因素。

性格内向孤僻绝不意味就是自闭症。虽然自闭症早期发现比较重要，但家长也不必草木皆兵，随便给孩子贴标签。性格上的孤僻冷漠与自闭症是完全不同的。自闭症一般会在3岁前表现出社交发展、沟通和行为等方面的异常。例如，与人缺乏目光接触，极少通过玩具进行象征性的游戏活动；语言发展障碍，不断重复一些动作，极度专注某些物件等。自闭症很大程度上来源于先天因素，需要专业治疗，但一般儿童的孤僻性格只要在家长的鼓励和关爱下便可以有很大的改变。

小练习

如何有效改善儿童孤僻？提示：

（1）倾注关爱：爱是转变孩子孤僻性格的前提，没有爱心，再好的方法也不可能奏效。

（2）积极评价：幼儿也有自我意识，尤其看重家长、老师对自己的态度以及评价。把握时间，多运用表扬、鼓励的方式，顺其自然地与之心理相容，使其敢于表达。

（3）户外活动：要多让孩子和其他儿童一起锻炼、游戏，共同活动可以创造儿童交流的机会。

（4）触觉交流：母亲经常抚摸、拥抱孩子所产生的肌肤接触，能在大脑中产生安全、甜蜜的信息刺激，这对其智力发育起催化作用。

（5）减少酸性食物摄入：如肉、蛋及糖类等，这些在家长看来是高营养食品，在进入人体后的最终代谢产物匀为酸性物质，而酸性物质会影响参与大脑正常发育的其他元素的吸收，容易导致孩子患上自闭症。

点睛

谁说内向就意味着自卑？欣赏孩子的内向，这本身就是爱！

一秒都停不住的孩子是不是有多动症？

孩子嘛，就是要活蹦乱跳、东摸西碰。要是他安安静静地不动弹了，那一定是生病了；要是他总是老老实实地不动换，那不就是傻子了？

——佚名

小故事

妞妞快两岁了，是个出名的淘气包，从早到晚上蹿下跳，一刻也停不下来；对什么都容易兴奋，喜欢叫喊，喜欢乱翻东西，想干什么就干什么，对玩兴趣十足；凡是需要静下来做的事情，如看书、听故事、画画，一概没兴趣。她怎么这么好玩好动呢？

心理分析

好动的孩子才聪明。心理学家通过实验证明在丰富环境刺激下长大的小白鼠比在困乏环境下长大的小白鼠，其大脑皮层的重量更大。而大脑皮层的重量意味着有更多神经元突触的联结，也意味着大脑发育更加完善。对于人类也如此，只有不断地接触环境，幼儿的大脑才能不断收到刺激从而得到最大程度的开发，儿童好动是其发展的必要条件，也是其“聪明”的必然途径。

好动和多动完全不同。孩子在成长发育过程中，由于神经系统发育不完善，自控能力较低，环境的各种刺激就容易导致孩子兴奋，表现出正常的好动。加上孩子天性好奇，为了探索周围的环境，常常表现为天真幼稚、活泼好动又淘气，对一些新鲜事物特别感兴趣，喜欢围观触摸，活动量大，这是爱学习的好动。

有些疾病，如癫痫、脑功能失调等，也会伴有多动行为。只需医生进行专业检查即可区分。父母千万不要把自己孩子活泼好动的情况随便视为多动症。要知道，大部分孩子都是正常活泼好动的。

小练习

如何引导好动儿童？提示：

（1）允许宣泄：对于好动的孩子，他过多的精力要给予宣泄，家长可指导孩子参加各种体育活动，让孩子玩个够、动个足。

（2）耐心训练：对于注意力不集中的孩子，要用心训练，减少其过多活动的行为。比如出一道简单的题目，让他放下手里的事情，在没有任何刺激的情况下听清要求，答对之后给予表扬。

点睛

“好动”是聪明的表现，也是聪明的必然途径；“多动”可能是身心疾病，及时治疗可以改善。

怎样培养孩子的注意力?

注意就是那扇门，一切由外部世界进入人灵魂的东西都要通过这扇门。

——乌申斯基

小故事

小松3岁，走进他的房间，满地都是各式各样的玩具。但细心的妈妈发现，无论哪种玩具小松只有3分钟热度，很难将注意力集中一会儿。幼儿园老师也把小松视为典型，说注意力常常无法集中。妈妈有心锻炼孩子的注意力，但却不知道怎么做。

心理分析

注意力是人类认知能力的基础，无论是记忆、语言，还是思维能力，都需要首先将我们的注意力集中到外界刺激上，然后才能进行编码加工。很多家长也清楚，幼儿时期有意识地培养孩子良好的注意力，对孩子今后的学习和发展都有重要的影响。但首先有几个误区需要澄清：

（1）注意力集中时间短不等于注意力差。研究表明，3岁幼儿的注意力可以连续集中3~5分钟，4岁幼儿可集中10分钟左右，5~6岁幼儿可以集中15分钟左右。如果教育得当，6岁幼儿可以保持20分钟的稳定注意。因此，幼儿对玩具或者其他活动只有“3分钟热度”就可以理解了。细心的父母会发现，在孩子感兴趣的领域其注意力可以集中较长时间，所以利用孩子的好奇和兴趣是锻炼儿童注意力的第一招。

（2）注意力转移快不等于注意力分散。对于孩子而言，任何新颖、色彩丰富、富于运动变化的物体都能够引起他们的注意，尤其面对种类丰富的玩具，玩一会儿这个又马上被另一个所这时吸引，表现出注意力分散、好动等都是正常的现象。这也提示家长，给儿童的玩具一次不宜过多，这也是提高注意力的第二招。

（3）在游戏中训练集中注意力。对于幼儿，游戏是其主要的活动类型，很多家长误以为，只有安静下来的活动比如看书、下棋、拼图才能锻炼儿童注意力，其实不然，比如专家推荐四人转圈抢坐三只椅子、“三猜一”或“四猜一”（桌子先放三件玩具或四件玩具，让他看一分钟，然后蒙上眼睛拿走一件，打开他的眼睛，让他看少了哪一件）等游戏，都适合儿童在游戏中锻炼注意力。

（4）别打断儿童的行为。当孩子全身心都投入到那几件百玩不厌的玩具中，正是注意力高度集中的时候，如果父母在这个时候去打断孩子的活动，不但会引起孩子的反感和烦躁，还会无意间破坏了对孩子注意力的培养。如果父母不得已打断了儿童正在全神贯注的事情时，比如父母下班回家，孩子放下玩具跑过来撒娇，父母要及时教会他如何去面对突发的外界干扰，指导他把刚才看过的书、玩过的玩具收起、放好。这样，儿童的注意力才能得到延续。

小练习

你可以想出几个游戏，在亲子互动的过程中锻炼儿童注意力吗？

提示：

（1）“看图找缺失部分”的游戏；

（2）“三猜一”或“四猜一”游戏。

点睛

注意力是儿童成长发展的重要基础，需要家长有意识地培养和锻炼。但对于儿童，由于自身生理发育不成熟，表现出注意力集中时间短、易分散都是正常现象。家长应注意儿童玩具的控制，不要打断儿童的行为，多在游戏过程中锻炼注意力，将有效提高儿童注意水平。

父亲在孩子幼儿期起什么作用？

父亲的出现是一种独特的存在，对培养孩子有一种独特的力量。

——格尔迪

小故事

以色列前总统赫尔佑克提到父亲时讲到："在我的生命里，对我影响最大的人就是我的父亲。他是一个很能干的人，具有不同凡响的人格，有很强的判断力。我从父亲身上学会了忍耐。"在他小的时候，父亲经常忙碌到很晚才回来，从父亲身上他看到了一个男人对于工作的认真以及负责。

现代派建筑设计的代表人物罗伯特回忆，在自己 7 岁时，和父亲乘出租车到纽约第七街，父亲特意让车停下来带他去参观费城火车站，让他看见了当时北美最大的纪念建筑物之一，父亲对他的影响深远。

心理分析

父母在孩子发展中所起的作用是不同的。孩子遇到痛苦时更多的是到母亲那儿找安慰，而想玩时则更多地想到父亲。在家庭中父亲的主要抚养行为是与孩子游戏，孩子通过这种游戏能逐渐摆脱对母亲的依恋，逐步转向对外部世界的探索，这种作用是母亲所不能替代的。

父亲对幼儿心理发展的影响还有哪些呢？

（1）父亲对孩子性别角色的影响：在孩子性别化过程中，父亲有着比母亲更为重要的影响作用。例如，男孩通过对父亲的认同和模仿可以发展出更多带有男子气的行为，女孩也能在与父亲的相处和关爱中获得安全感，并且从父亲身上获得关于异性品质的参照。

（2）父亲对孩子人格发展的影响：父亲在孩子成长中最基本的角色是玩伴，父亲通常具有独立、自信、勇敢、坚强等积极个性特征，通过与孩子的游戏、交流和教导等对孩子的个性品质发展起着独特的重要作用。母亲在游戏中更多是语言和教导性的，父亲则更多是运动和接触性的。因此，父亲比母亲愿意更多鼓励孩子进行独立的、探索性的活动。经常与父亲接触玩耍的孩子表现出勇敢、自信、意志坚强，有更高的生命激情。而且，无论男孩还是女孩，在和父亲的玩耍中得到感情上的应答，其性格都容易朝着外向特征发展，即渴望刺激和冒险、喜欢热闹、开朗活泼。

（3）父亲对孩子社会性发展的影响：父亲在家中是儿童理性的榜样，是子女社会行为和品性的塑造者，是社会行为规范、道德、价值理念的直接示教者。俗话说父爱不重“言传”而在“身教”，正是如此。

（4）父亲对孩子认知发展的影响：美国耶鲁大学的一项最新的研究表明，由男人带大的孩子智商更高，有更好的成绩，在社会上更容易成功。这一研究并不是否定母亲的重要，而是强调通过改善父亲的教养方式和教养行为，将会极大地促进孩子的发展。

小练习

请回忆一下小时候父亲对你的帮助和影响。

如果你有一位尽职的父亲，请写下他对你的影响：__________。

如果你有一位忽视教育的父亲，也请写下他对你的影响：____。

最后，思考一下，你该如何做一位父亲？

点睛

孩子遇到痛苦时更多的是到母亲那儿找安慰，而想玩时则更多地想到父亲。母亲在游戏中更多是语言和教导性的作用，父亲则更多是运动和接触性的作用。

孩子为什么喜欢把东西往嘴里放？

2岁以前婴儿仅靠感觉和知觉动作的手段来适应外部环境，即感知运动阶段。

——皮亚杰

小故事

从3个月起，欢欢看见什么都往嘴里放。自己的手，看到的玩具，甚至地上的头发，都要“尝尝”才肯罢休。妈妈为此很头疼，生怕孩子得病。每次看见欢欢又要舔东西，妈妈都会严厉制止，还象征性地打打他的小手。可是现在已经8个月了，欢欢这个毛病不但没有减轻，反而愈演愈烈，烦恼的妈妈不知道这是为什么。

心理分析

正如瑞士心理学家皮亚杰所说的一样，对于2岁前的婴儿，主要通过自己身体的感觉和知觉来认识外部世界。这时，除了依靠手部的抓握，嘴唇的“舔”、“吸吮”、“咀嚼”也是婴儿获取外界信息的重要方式。所以婴儿把手或其他东西塞到嘴里，纯属天性。但安全卫生也确实是令父母头痛的问题，如何在鼓励婴儿探索世界和自身安全之间保持平衡，这里介绍一些方法，供父母选择。

（1）让婴儿远离危险物品：在婴儿两手能够触及到的范围内，尖锐的、不能吃的、易划伤婴儿的、易造成不良后果的危险品要统统收拾干净。毛绒玩具上的眼睛、鼻子、纽扣也是潜藏的危险，必须把这些可能咬下来的小零件统统去掉。

（2）玩具要经常清洗：普通的清洗液会有不安全的化学残留留在玩具上，所以妈妈应该选择使用具有食用安全级别的奶瓶清洗液来为婴儿清洗玩具。婴儿会爬以后，可以给婴儿一个爬行的活动专区，铺上易拆洗的拼装垫，消毒和清洁也会更加轻松。

（3）用语言告诫婴儿不要乱捡乱吃东西：待婴儿 1 岁半后，能明白“不”的涵义时，你可以在拿走他塞进嘴里的东西时，用语言告诫婴儿不要这么做，也可以象征性地打一下他们的手，来强调一下随便把东西往嘴里塞是不好的行为。一次肯定无法根除这种行为，父母要多次提醒、耐心纠正。

（4）区分病理性异食癖：有些婴儿甚至啃食墙皮、泥土，对于这样的婴儿，父母需要留意可能是体能缺少某些微量元素，有必要去正规医院检查身体。

小练习

检查婴儿活动范围内存在哪些潜在危险品。

点睛

婴儿用嘴来探索环境是这一年龄阶段的特点，父母无须严厉批评，但必要的安全卫生措施也要周全。在父母陪伴的环境下，鼓励婴儿探索环境有利于孩子的智力发育。

没时间陪孩子怎么办？

亲子时间的质量比数量更重要。

——孙云晓

小故事

很多父亲总说工作太忙，没时间陪孩子。与其说“没时间”，不如说“缺方法”。事实上，父亲对孩子的影响并不取决于在一起的时间长短，关键是能否让孩子感受到父亲的关爱时刻在身边。比如张先生经常早出晚归，有时孩子没醒，自己就要出门上班，晚上回来孩子也已经入睡。细心的父亲没有因此而放弃和孩子的沟通，夜里回来在便签纸上写下关爱孩子的话语，默默地贴在女儿床头，第二天清晨女儿看到父亲的留言非常开心。李先生也经常出差，但只要有机会就给儿子寄来当地的明信片，既能和儿子保持联系又能给儿子惊喜。而郭先生则利用自己难得的休息时间和孩子一起打篮球，锻炼身体的同时也加深了父子间的情感，儿子很自豪，自己的父亲既是好员工更是好父亲！

心理分析

很多家长都知道陪伴孩子成长的重要性，作为老师也经常能看到，孩子出了问题家长才惊呼“怎么变成这样”。原因就在于，忙碌的工作使得父母双方疏忽对孩子点滴变化的观察，酿成大错再关心就晚了。普遍存在两点教育误区需要纠正：

（1）物质补偿不能代替感情缺失。心理学研究发现，幼儿期正是孩子与母亲形成安全依恋的关键期，而父亲发挥着影响儿童认知、性格塑造的关键作用。任何一方，因长期忙碌无暇顾及子女，都会使孩子产生心理落差。家长过度以物质方式补偿子女，希望获得与孩子间情感平衡的做法是十分不科学的。

（2）亲子时间的质量比数量更重要。心理学研究证实，婴儿与母亲的健康依恋关系与时间无关，与母亲是否能正确理解婴儿行为信号的质量有关。对于忙碌的父母，没必要过于自责陪伴孩子的时间过少，而应该更加注重亲子互动时的质量。其实对于孩子，哪怕只是一通电话、一个眼神，只要孩子能感受到父母的理解和关爱，陪伴时间的长短并不起决定作用。

提供几个“见缝插针”的亲子交流机会供忙碌的父母参考：

（1）珍惜用餐时间。古语讲“食不言，寝不语”，但时代背景发生了变化，餐桌上的交流是最好的亲子时机。很多孩子喜欢在吃饭的时候向父母描述一天中发生的各种趣事，或对他们而言印象深刻的事情。而经常在餐桌上“发言”的孩子，他们的表达能力和观察力通常也是很出色的。所以，只要注意提醒孩子咀嚼吞咽之后再开口说话，注意安全，在用餐时关掉电视，共同交流，就可以将用餐时间变成宝贵的亲子交流机会。

（2）与孩子一起“充电”。很多父母回家后还要继续工作，事实上，如果可以让孩子看到父母认真工作的样子，也是为孩子树立榜样的好时机。如果父母不爱看电视，孩子也很少沉迷于电视，如果父母喜欢读书，孩子也会模仿。因此，在家中开辟“学习区”，与孩子共同“充电”，也是难得的亲子机会。

（3）如果失约，记得道歉。孩子总是希望家长多陪陪自己，但如果失约，说“回不去了”或者“下次陪你”都不如直截了当地和孩子道歉：“对不起宝儿，爸爸非常想看你的表演，但因为紧急工作这次不能出席了，可以原谅爸爸吗？”这样的道歉是对孩子的尊重，虽然失约，但也能让孩子感到父母的支持与关爱。但切记，失约的次数不能太多。

小练习

除了用餐时间，你还可以找到其他零散的亲子时间吗？

点睛

对于儿童成长，物质投资很重要，父母关爱的“软投资”也不容忽视。亲子质量重于时间，因此多利用零散时间进行交流，别让电视占用了本就宝贵的家庭欢聚时间。

孩子不想去幼儿园怎么办?

快乐，是人生中最伟大的事！

——高尔基

小故事

场景一：门口哭声多

今天是明明去幼儿园的第一天，妈妈刚要转身离开，明明就抱着妈妈不撒手，嘴里哭喊着“妈妈别走”，无论老师怎么劝都不管用。

场景二：路上叮嘱多

去幼儿园的路上妈妈不停地叮嘱：“到幼儿园要听老师话，可不能像在家这么任性了。”“唱歌的时候大点声。”“画画的时候别弄脏了衣服。”……

场景三：负面引导多

放学后看见明明不开心的表情，妈妈关切地问：“是不是受欺负了?”“今天被批评了?”“老师有没有偏心?”……

心理分析

孩子不喜欢去幼儿园，很大程度上是因为没有在幼儿园中体验到快乐。

幼儿园是孩子离开家庭迈向社会的第一步。对于每一个孩子都有一段“入园适应期”，在最开始，孩子会因为和父母的分离而产生极度的恐惧，他们潜意识中会认为“自己被父母抛弃了”。幼儿园门口孩子们歇斯底里的哭声，一方面说明孩子和父母之间的依恋关系非常牢固，是安全感的体现；另一方面也说明孩子到了尝试独立适应新环境的时期。为了缓解孩子的焦虑，家长可以早一点到门口，让孩子一放学就看到你，会使他的“被抛弃感”显著降低。还可以带一些小奖品作为孩子开始适应新环境的奖励。

幼儿园不是学校。受早教的影响，很多家长期望孩子在幼儿园阶段就能学到很多知识。就像场景二中的妈妈，给孩子提要求、树目标。但事实上，这些要求无形中给孩子增加了压力，幼儿园以游戏为主，而非学习，这一阶段的孩子也只有在游戏的欢乐中发展智力、学习社交，太多的要求会让孩子有受约束的感觉，因此也导致孩子不愿意去幼儿园。

积极引导孩子发现快乐。家长愿意听孩子讲述一整天在幼儿园发生的故事，这种关心不仅可以很好地促进孩子语言能力和记忆力的发展（因为孩子首先要记住一天的事情，然后使用独白语言表达），而且与父母的分享也让孩子体会到快乐。但父母要知道“倾听有技巧，提问要小心”。如果孩子表现不开心，用“今天发生了什么”取代“是不是被批评了”会更好。如果确实被老师批评了，引导孩子理解老师的批评实际上是出于关心，让孩子发现老师的关注和赞扬，由此喜欢上自己的老师，也能让孩子更加喜欢去幼儿园。

小练习

情景练习：刚开始上幼儿园的小霞每天都极不愿意离开家，父母该怎么办呢？

提示：既然选择送孩子去幼儿园，最好坚持。如果因为孩子哭闹就不送去幼儿园，这种行为等于强化了孩子的哭闹，一旦形成“只要哭闹就能不去幼儿园”的想法，孩子就更难走出第一步。所以，在适应期需要家长的坚持和鼓励，别忘了放学接孩子的时候带一些奖励，效果会更好。

点睛

（1）适应期需要家长的坚持，及时鼓励让孩子体会到快乐。

（2）降低要求，让孩子在游戏中快乐学习。

（3）积极引导，让孩子发现更多快乐。

两代人教育观念不一样怎么办?

一切都是为了孩子！一切都能沟通！

——佚名

小故事

又到了夏秋交替的季节，兵兵的母亲觉得孩子从小要多锻炼，这时候没必要穿得太多；但兵兵的奶奶却生怕孩子感冒，一个劲儿给孩子加衣服。两代人就在孩子穿多少的问题上争论不休。

心理分析

我们都承认，不同时代的教育观念是不同的。面对生活中两代人教育观念的差异，我们应试着理解和接纳，毕竟老人和自己关爱孩子的心是一样的。

当老人和我们的教育观念不一致时，不妨试着让老人了解教育误区。很多爷爷奶奶容易因为爱孙心切，做出许多事与愿违的事，究其原因还是因为不了解科学的育儿方法。因此，耐心和老人交流，帮助他们意识到教育误区，只要为了孩子好，再顽固的老人也是愿意做出调整的。

当教育方式发生分歧时，一定要注意不能贬低对方的权威。年轻的父母切忌当着孩子的面说：“奶奶懂什么，她那一套养小孩的经验都是几十年前的了。”老人也不能说：“别听你妈的，有奶奶呢。”须知，权威无论是从年轻父母身上消失，还是从老人身上消失，都是可怕的。在失去权威的家庭里，孩子身上的顽劣天性会变成一匹脱缰的野马，到那时，要想扭转孩子一个很小的坏习惯，都将变得极其困难。如果你想教育孩子“尊敬老人，孝敬父母”，那在和老人发生分歧时就绝不能顶撞老人，更不能出言不敬。

小练习

情景练习：老人想让孩子多穿点，你想让孩子少穿点。这时怎么办？

提示：只要不是原则问题，我们不妨就先采纳老人的意见，然后再慢慢和风细雨地把我们的观念阐述出来。比如：“我知道你是心疼兵兵，怕他感冒，我初衷也想让他更强壮，男孩子多跑多跳才长身体，穿得太多反而运动起来不方便，您看这样，让他多带件衣服，冷了就穿上，不冷拿着，您看行吗？”

点睛

发生分歧别着急，求同存异解难题。

保持权威很重要，尊重老人做榜样。

“三岁看大，七岁看老”有道理吗？

3~6岁被形象地称为“潮湿的水泥期”，这一阶段孩子的内心就像未定型的水泥，极易塑造，也极易对未来产生重大的影响。

——佚名

小故事

一岁大的林林趴在床上，眼前摆着字典、钱包、锤子等各式各样的东西让他任意抓，比如抓书本意味着以后当科学家，抓钱意味着当商人等等，民间俗称“抓周”。这种游戏就是那句“三岁看大，七岁看老”的实践版，人们都认为儿童早期的兴趣偏好就已经决定其成人后的性格特征。

心理分析

美国加利福尼亚大学做了这样一项研究，研究人员找来上世纪60年代夏威夷州约2400名不同种族的1~6年级小学生的性格调查结果，在追踪了40年后，研究人员对其中144人再次进行调查。结果发现，那些早期被认为健谈的孩子，中年时善于动脑，讲话流利；而早期被认为不健谈的孩子，中年时多表现出缺少主见，不善于处理人际关系。当年被认为适应性强的孩子，成年后表现出乐观开朗；适应性差的孩子，成年后则表现为态度消极，缺少主见。

此项研究为“三岁看大，七岁看老”这句俗话提供了有力证据。有些家长也相信，儿童早期的性格确实可以预测孩子成人后行为和人格特征。心理学家也普遍认为，性格确实存在其稳定性，表现出跨时间的连续性和跨情境的一致性，也正是这种性格的稳定性，可以向我们解释为什么“三岁看大，七岁看老”有其合理的一面。

看到这样的例子，有些家长可能会惊呼：“难道说 7 岁前孩子的性格就已经注定，将来无法改变了吗?”事实上，绝非如此。性格也会受环境的影响而不断发展完善。我有一位朋友，她小时候特别内向害羞，但在上小学的时候，由于她认字比较多，老师让她每天午自习给同学念报纸，刚开始的时候她特别紧张，但她发现同学们听得特别认真，老师也夸她念得声情并茂，久而久之内向害羞的性格发生了巨大的转变，现在从事语文教师的工作，站上讲台自信满满。

所谓“三岁看大，七岁看老”，只是在一定程度上反映了性格的稳定性。然而，性格是有可塑性的。所以作为家长，一方面要重视幼儿期孩子的性格培养，不要错过了性格塑造的黄金时期，另一方在也要看到良好性格的塑造是一个不断完善发展过程，后期的教育也必不可少。

小练习

1. 和父母聊聊自己小时候的事情，看看自己小时候和现在有什么变化，是怎样变化的。

2. 尝试为孩子记成长日记，不必记流水账，多记录一些孩子性格、能力、处事风格方面的成长和变化。

点睛

人类性格具有稳定性和可塑性，小时候的性格可能可以预测成年后的行为特点，但不可忽视，成长过程中的教育会不断影响儿童性格发展的轨迹，良好的性格是毕生完善的过程。

PART TEN 第十章

还孩子自主的空间（学龄期）

沉迷于手机、电视、电脑怎么办？

手机、电视、电脑，对孩子来说是玩具、减压器、伙伴、梦想……

——佚名

小故事

场景一：电视电脑影响学习

二年级的豆豆每天放学回家第一件事就是打开电视，从 18 点看到 21 点，直到哈欠连天才开始写作业。老师反映豆豆的作业不认真，上课打盹，学习成绩一路下滑。

场景二：电视电脑影响身心

三年级的君君嘴里总是念念叨叨“我的套装怎么样，装备非常齐全”，“战役开始了，我要去消灭怪兽”……生活中都是游戏，家长开始担心这是不是网游成瘾的前兆。

场景三：电视电脑就是全部

寒假开始了，出于安全考虑父母不让悠悠一人出去玩，独自在家的悠悠除了看电视就是玩电脑，这似乎就是悠悠所有的生活。

心理分析

案例中的现象普遍存在于我们的生活中。为什么电视、电脑总是能轻而易举地俘获孩子们的心？事实上，正如有关人士指出的那样，电视、电脑对于孩子不仅仅是消磨时光的玩具和带来快乐的减压器，更重要的是，它们是孩子体验成就感、获得归属感的重要途径。而这些也正是孩子在现实生活中难以满足的需要，所以只能在虚拟的游戏中寻找补偿。

调查发现，近80%的网络游戏玩家学习成绩处于中下水平。这意味着大多数沉迷网游的孩子难以在现实的学习生活中体会到成就感，比起更易成功的网络游戏，孩子更愿意留在虚拟世界中。同时，网络中同样有团队、朋友，那些在现实中不善于人际交往的孩子更容易在虚拟的世界中找到归属感和慰藉。

想要最大限度地发挥电视、电脑拓宽视野、增长知识的优势，又避免其影响视力、减少运动的弊端，需要家长的耐心引导。比如：

（1）规定看电视、玩游戏的时间。家长必须给孩子规定看电视的时间，比如，每次只看1小时，或者做完作业才能看，或者只是周末晚上看。孩子以哭闹要挟，也必须坚持原则。如果碰到喜欢的节目就让他看个够，时间充裕就随他看多长时间，那么这样的纵容会让孩子养成随心所欲的习惯。只有严格规定看电视的时间，孩子才会慢慢体会到原则和秩序，并逐渐学会自律。

（2）推荐有意义的电视节目和游戏。可以推荐孩子看一些知识性、教育性较强的电视节目，如科普专题、自然记录、科幻题材等。还可以推荐孩子玩一些由文学著作改编的游戏，在游戏中锻炼判断和推理能力。有时间的话，应和孩子讨论电视内容或者一起玩游戏，增加交流机会，这样有利于孩子在现实中感受支持和陪伴。

（3）鼓励孩子在现实中寻找成就感。对于那些现实成就感较低的孩子，容易在学习中有受挫感，自我评价偏低，这需要家长帮助孩子找到自身的优势。“并不是每个孩子都能成为学习上的第一名”，除了成绩，乐于助人的行为、乐观开朗的性格都可以成为孩子的优点。在现实中多赞扬孩子，在各个方面肯定孩子，如果现实生活足够美好，孩子也会乐在其中。

（4）以身作则扩展兴趣。要求孩子看电视、玩游戏有节制，父母也要以身作则。现实生活中确实有些父母也把看电视作为主要的消遣方式，将大量的空闲时间花在电视机或电脑前，这时孩子很自然地效仿大人，所以，父母要有意识地克制自己。此外鼓励孩子扩展兴趣，比如去公园打篮球、滑旱冰等等，在扩展兴趣的同时又能强健身体。

小练习

情景模拟：孩子又缠着你要求多看一会儿电视，你会如何应对？

点睛

孩子年龄小，自制力差，电视、电脑的诱惑本来就大，家长需要在现实中满足孩子的归属感和成就感，建立规则，树立榜样，帮助孩子一步步走出电视、电脑的陷阱。

刚上小学不适应怎么办？

好的开始是成功的一半。

——俗语

小故事

9月份齐齐就正式成为一名小学生了。刚开始齐齐异常兴奋，盼着数着等开学，但真的开学了，齐齐三天两头地在课堂上找妈妈，一周内因为肚子疼把妈妈叫到学校不下4次，但接回家后又没事儿了。齐齐的班主任跟家长反映，说这是比较典型的“适应问题”，比如哭着不进班、假装肚子疼想回家、上课随意讲话走动、难以长时间集中注意力、与同学发生冲突等等。

心理分析

“上学”对每名一年级新生都是极为新鲜的。上学后，孩子首先要面对的就是作息时间的改变、生活节奏的加快，如果没有相应的健康身体和心理素质，很难适应学校相对“高节奏”的学习环境，可以说，“幼小交接”的适应期需要家长提前做好准备。如何才能有效降低适应困难，帮助孩子顺利度过适应期呢？

首先，巧用孩子的好奇心。作家尹建莉曾说：“任何单纯要分数的行为都是浅薄的，只有发自内心对知识的好奇才能培养孩子的智慧能量。”对刚刚入学的孩子，背起书包、完成作业、担任班干部……这一切都是新鲜有趣且具有挑战性的。作为家长，我们要善于利用孩子的好奇心，将其积极主动的行为发展为稳定的习惯。如何保持呢？举个例子，当孩子主动完成作业时，家长要大力赞扬，不要完全剥夺放学后看电视、玩游戏的时间，把这些作为奖励放在完成作业后，并逐渐减少游戏时间。这样孩子不会产生写作业就意味着不能玩的消极想法，相反完成作业不仅可以证明自己聪明勤奋，还能得到游戏的奖励。这样，孩子就会喜欢上写作业并形成习惯。一旦孩子可以从早起上学、完成作业等诸多细节中体会到成就感，那新生适应问题就将迎刃而解了。

其次，信任孩子，并主动与老师沟通。家长一定要相信孩子的适应能力，不要着急。有些时候正是由于家长的担忧增加了孩子的紧张感，给孩子造成压力。所以家长首先要放下担心，相信每个孩子都是有极高的适应能力。此外，在开学初期和班主任保持沟通，了解孩子在校动态，家长与老师的共同配合也有助于孩子更快适应学校生活。

最后，针对新生适应提前做些技能训练也非常有效。例如，训练孩子的倾听能力，“大人说话时，眼睛要看着大人”；训练孩子的理解力，和孩子说完一句话后，让孩子复述一下，“妈妈和你讲的是什么意思，你来说说看”；训练孩子的注意力，和孩子在家一起识字，认识一些包括“语文”、“数学”及自己的名字在内的常见字，一方面增大孩子的识字量，另一方面也可以提高孩子的注意力。

小练习

当新鲜劲儿有所下降，老师反映孩子上课开始不听讲时，你该如何应对？

点睛

孩子新鲜，家长忐忑。

巧用好奇，信任鼓励。

针对训练，平安度过。

孩子写作业"慢吞吞"怎么办?

习惯真是一种顽强而巨大的力量，它可以主宰人的一生，因此，人从幼年起就应该通过教育培养一种良好的习惯。

——培根

小故事

从红红刚上小学的第一天起，为了培养孩子认真写作业的好习惯，妈妈天天坐在旁边陪伴着，看见红红哪里算不出来，妈妈立即辅导，看见红红哪个字写得不工整，妈妈也严厉指出。一直以来，红红的作业常常是老师夸奖的榜样。妈妈想，这下好习惯算是养成了，自己能松口气。但是没有妈妈陪着的红红完全坐不住。妈妈只要一离开，红红就开始玩游戏，或者追着妈妈，求妈妈坐在一旁，帮她检查。本想陪着写作业可以让孩子做得又好又快，但没想到事与愿违，反而让孩子有了依赖的毛病。家长疑惑了："孩子写作业，家长到底要不要陪同?"

心理分析

陪孩子写作业，非但不能培养孩子的好习惯，反而是在瓦解儿童的自制力，难以养成独立、自觉的好习惯！如何培养孩子独立自觉地完成作业，需要以下 4 个步骤：

第一步，问问孩子“今天留哪些作业，难吗”。孩子在回答时自己就清楚了今天的任务，提醒就到这里。不要孩子一回家就直接命令：“快去写作业”。

第二步，问问孩子“是想先完成作业然后再玩，还是有什么计划”。给孩子选择的机会，如果选择先写作业当然值得夸奖，如果选择先玩一会儿也可以允许，只要第一步做好，孩子清楚自己的任务是什么，那就应该给他选择的权利。

第三步，如果孩子一直玩到很晚，不要着急说“都几点了，还不写作业”，反而要忍住，直到孩子自己反应过来，“哎呀，我作业还没写呢！怎么办”。这时家长不要说“早不写，现在着急了吧”，这给孩子一种“活该”的暗示；也不要急于教育“下次可不能这样了”。相反，此刻应给予同情，“是呀，这么晚，要不明天你跟老师承认错误”。越小的孩子自尊心越强，绝不愿意被老师批评，这时大多数孩子都会用最快的速度完成作业。有过这样的经历，孩子清楚“放肆地玩”那就意味着自己要承担被老师批评、伤自尊、内疚、自责等后果。当他清楚知道自己行为的后果时，孩子的拖沓、玩起来没完没了、注意力不集中等问题就迎刃而解了。

第四步，也是重要的一步，“教训”的作用有时效性，过段时间孩子可能又开始“慢吞吞”，为了防止“不长记性”，家长需要提前预防，抓住孩子坚持几天都独立、自觉完成作业的机会，肯定他的行为，“作业对于每个小学生都不是容易的任务，但是现在你在面对难题时不但能努力克服，还能完全依靠自己的力量独立解决，真的非常了不起”。诸如此类的肯定，孩子会越来越有信心，在完成作业的过程中找到了成就感，进而对学习中遇到的种种困难也会自信面对。

总之，完成作业的过程，不仅是巩固课堂知识的重要环节，也是培养孩子自主、自信的好机会。关键在于家长的正确引导。

小练习

尝试替换以下语言：

1. 命令式："放学后你先写作业"。替换为："今天都留什么作业了，你想先完成作业还是有其他计划"。

理由：把选择权交给孩子也就是把责任交给孩子。

2. 恐吓式："都几点了还不写作业，完不成看明天老师怎么批评你"。替换为："我知道你不想让老师批评，你可以选择现在马上完成，也可以明天向老师承认错误，你认为呢"。

理由：如果选择马上完成，你会发现孩子的效率极高，如果选择明天向老师承认错误，让孩子承受自己行为的后果，只需一次就足以改变。

点睛

培养孩子独立自觉完成作业的 4 个技巧：提醒而非催促，提供选择而非强制，同情而非挖苦，承担后果而非惩罚。

给孩子报什么学习班？

学习班是为满足孩子的求知，还是为减轻父母焦虑？

——佚名

小故事

刚开学不久，明明又开始了每周 7 天全上补习班的“忙碌生活”。明明的母亲说：“我们报班分 3 种，第一种是周一至周五的托管班，因为我们夫妻下班晚，只能交给辅导机构，孩子既能多学会儿，我们也能放心；第二种是周末的绘画课，这是孩子自己感兴趣主动提出来的；第三种是周日的数学和英语辅导班，我们认为这是必须要提高的课程。”

心理分析

从心理学的角度冷静地分析这 3 种类型，根本问题集中于选择课外班，最终是为满足孩子的求知，还是为了减轻父母的焦虑。

类型一：孩子需要。如果孩子主动提出报课外班，父母不应着急同意而应该冷静询问原因。如果孩子出于兴趣，对某方面知识感到好奇，父母有必要提醒孩子既然自己选择就要坚持，不要三分钟热度就不了了之。如果孩子因为课业跟不上，父母也应肯定孩子积极学习的态度，但要提醒孩子不要把希望完全寄托于课外辅导，上课的吸收才是最重要的。这类动机下的课外班能够激发孩子主动的求知欲、上进心，也能最大限度地发挥作用。

类型二：父母需要。家长看到周围的孩子全都报班，担心长久下去自己的孩子会落后，就为孩子报班。这样的做法实质上是减轻父母焦虑而非满足孩子需要。这是家长最应该反思的地方，如果因为报班令孩子更加辛苦，降低课堂知识吸收率，依靠课外班补习，反而容易陷入恶性循环。

类型三：双方互惠。利用课后托管的时间，让孩子巩固知识、完成作业，家长也能放心，这是一个不错的选择。这样既不占用孩子宝贵的休息时间，也能减轻家长负担。但同样要注意，尊重孩子的兴趣和需要是首位。

小练习

选择课外班前，请你思考是孩子的需要，还是你的需要？

点睛

课外班的问题不仅是心理教育领域需要探讨的问题，同样也是社会问题，在这个复杂的难题前，家长要冷静分析。为了降低自己的焦虑而让孩子报各种补习班，实质上难以解决实际问题。调整家长心态，不盲目跟风才能做出明智之举。

孩子成绩不理想怎么办？

教育的成功是多样的，绝非成绩一把尺子可以度量。

——佚名

小故事

孩子进入小学，很多家长就开始忍受着一次次的分数轰炸、排名煎熬。虽然很多家长在孩子进入小学前都信誓旦旦地说："我不在乎孩子的学习成绩，成绩不能说明一切，我更看重孩子的快乐"，但是一旦进入了小学，成绩就如魔咒一般使很多家长忘记了养育孩子的初衷。每每看到孩子的排名都不禁心头一紧，想到孩子的未来都能从梦中惊醒，家长会后更是气不可遏："家教不少请，补习班也没落下，怎么这成绩就是不见起色？"

心理分析

对于父母，孩子的成绩差确实是最大的心病，不是一句"接纳现状"就能轻易缓解的。"看着自己孩子'待达标'的试卷，觉得自己是个失败的家长，怀疑自己是否耽误了孩子，更加严格的要求可不可以换来好成绩？"这样的担心煎熬着每一位家长的心。但冷静地看待这个问题：难道衡量学生就只有成绩这一把尺子吗？就像一位母亲说的那样，"成绩可以等待，但善良、为人着想的本真不容等待”。在对孩子成绩绝望的时候，看一看身边可爱的孩子乐观、诚实、富有想象力，这些都可能是我们家长不小心忽略却又十分宝贵的地方。

“好孩子是夸出来的，尤其是对于差学生”，这话绝对不假，在孩子得不到学习上的肯定时，其自尊心也很容易受挫，这时批评、唠叨都不如称赞。

家长会上，老师说军军是班里倒数的几名，让家长抓紧时间多补习。妈妈心里万般伤心，但回家看见同样忐忑的军军，妈妈非但没有批评反而拉着军军的手说：“老师夸你这次比上一次进步了两名，做得好！”就像这位母亲，她看到了孩子的努力，没有拿自己的孩子和别的孩子比，将这一次和上一次比，有进步就肯定，孩子的自尊心得到了保护，学习的热情也同样得到了保护。

学习能力有天生的差距，发展心理学称之为“个体差异”。目前的学校教育主要考察的是孩子的记忆力，但有些孩子天生就在想象力和创造力方面更有优势，所以暂时的差距并不意味着长久的失败。父母希望孩子少走弯路，自己的经验可以帮助孩子少受很多罪。父母希望孩子当医生、律师，主观地认为这是最好的选择。但父母忘了，孩子是独立的个体，“不要强加你的理想给他，做好我们自己，也给孩子成长的空间”。毕竟人生的路很长他要自己走，人生的路口很多也需要他自己选择。

有些成绩虽差但依然乐观的孩子的父母说：“我孩子多学了一门功课叫‘逆商’，在逆境中相信自己，勇敢面对，即使成绩差，但依然每天带着笑容去上学，这本身已经是一种成功。拥有这样乐观向上、战胜自我的精神，等到孩子走向社会，还会怕风雨、怕挫折吗？”正是这样，父母的乐观会影响孩子，父母的信任会给孩子莫大的鼓舞。

千万别让自己的担心浇灭了孩子的自信，乐观、自信、百折不挠、坚强、诚实、仁义、善良等等，这些伴随终生的品质，更是一个家庭给予孩子的最宝贵财富和最伟大教育。

小练习

场景练习：下次看到孩子的成绩，你会如何应对？

提示：不要与别人家的孩子比。

点睛

接纳现实，发现希望，尽力而为，顺其自然。

怎样对待孩子的“欺负”和“被欺负”？

要使孩子们从小就懂得和领会到：他的每一步都会对他身边的人产生影响。只有当他不给别人带来灾难，不欺负和扰乱别人时，才能成为一个生活得平静而又幸福的人。

——苏霍姆林斯基

小故事

放学回家，三年级的小松一声不吭地走进自己的房间，晚饭的时候，妈妈发现小松的脸上有块瘀青，问了才清楚，原来放学后小松和同学踢足球，自己挡在同学面前不让进球，就被打了一拳。小松委屈地哭了出来，要不是妈妈发现，还忍着不说。此时，妈妈应该怎么做呢？

心理分析

“欺负”是一种攻击性行为，它不仅指肢体上的碰撞，还包括语言上的侮辱、嘲笑、恶意讽刺等，无论是实施者还是承受者都应该得到及时的关注和干预。

发展心理学对小学阶段儿童攻击性行为的研究显示，攻击性行为有明显的性别差异，而且随着年龄的增长，行为攻击越来越少，而言语攻击没有明显变化。正是因为存在年龄差异，所以“欺负”

和“被欺负”也应该分阶段来看。

对于低年级的孩子而言，其认知能力和道德发展水平相对不成熟，甚至还没有领会到攻击性行为对他人的危害，所以家长无需过分严厉，通过讲故事的方式可以让孩子理解“己所不欲勿施于人”的道理。而对于较弱小的孩子，多鼓励孩子参加社会活动，比如参加跆拳道等课外班，既能强身健体，增加自信，又能增加与良好同伴交往的机会，有利于孩子全面发展。

对于中高年级的孩子而言，其欺负行为的产生根源，父母要充分地反思。众多研究显示，高年级孩子的欺负行为与家庭教养方式息息相关，而且与家庭环境，特别是夫妻关系联系紧密。如果家中解决问题通常采用暴力，无论是行为还是语言的，都极易让孩子模仿学习。因此，对于实施欺负的孩子父母而言，注意自己的教养方式，给孩子树立正确解决问题的榜样，才能有效纠正孩子的欺负行为。但如果高年级的孩子还经常“被欺负”，家长也要从自身寻找原因，是否在家中过分“强权”，压抑了孩子正常情绪的宣泄。民主型的教养方式有利于胆小的孩子说出自己的意见，并培养自信。

当然，孩子“欺负”和“被欺负”行为，家长不仅要反思教养方式，同时也应该交给孩子正确处理问题的方法。比如案例中的小松受欺负后不敢说出来，妈妈没有教育他“以暴制暴”，而是耐心了解情况，与老师沟通，并告诉小松再遇到这种情况要大声说“不”，及时报告老师，联合同学找到支持。

小练习

当孩子欺负别人时，你会怎么办？

提示：在教育孩子的过程中，家长不能使用暴力，孩子的欺负行为也许正是这样模仿来的。

点睛

“欺负”和“被欺负”行为与年龄发展关系密切，随着儿童道德完善，以及良好同伴关系的建立，无论是身体攻击还是言语攻击都会减少，家长无需过分紧张。但如果问题严重并且频繁发生，就需要家长反思自己的教养方式，并且从行为上及时纠正。

怎样换个角度看“早熟”？

总有一天你会发现孩子的成长在一夜之间。

——《怎样做好父母》

小故事

情况一：智力早熟

过年回家，想到给 5 岁的小侄女买件礼物，却不知买什么她最喜欢，思来想去买了一个英语早教学习机，考虑到她 5 岁的年龄特意挑选了初级版。谁知拿回家后，小侄女摆弄了一会儿就没了兴趣。一问，原来她现在学习英语已经过了 3 级，看英文的动画片都不成问题，基础版的早教机已经不能满足小侄女的水平了。事实上，研究调查表明城市儿童每过十年智商测试就会高出 5 分，智力早熟是现在孩子的普遍趋势。

情况二：心智早熟

每天上学妈妈都要为晶晶穿什么而发愁，她觉得现在很多童装很时尚，但有些成人色彩浓重，完全不适合这个年龄段的孩子，但晶晶似乎很迷恋时尚的衣服，每天早上都要和妈妈争执，常说“班上的同学都是这么穿的”。事实上，穿成人化服装、说成人化语言在小学生中已经不是新闻。

情况三：性早熟

翻开小学6年级楠楠的毕业同学录，里面全是“祝你们早生贵子，恩恩爱爱，白头偕老”的留言，楠楠的母亲不禁惊讶：这才小学毕业，怎么就有“对象”了。然而根据最近调查，近一半小学生早已心有所属，“早恋”提前进小学。

心理分析

当代社会信息传播迅速，学生的生活中充斥着网络、手机等多种快速获得信息的途径。孩子们接受的信息多了，其大脑信息更新快，身体发育早，语言发展快，智力提高明显也成为必然的结果。而且现在一些成人书籍、电视节目也对孩子产生了负面影响，社会环境让孩子们变得“早熟”。

衡量孩子是否属于“早熟”，不能用上世纪70年代的眼光来看现今21世纪的孩子。除了时间上的纵向比较，也要参考孩子与同龄人之间的横向比较标准。可以说，现在在家长眼中的所谓“早熟”，已经是时代环境下孩子整体发育提前的正常现象，家长不必过分担忧。

有时孩子无意间流露出来的言行过于成人化，很多家长误认为孩子有心理方面的问题，其实不然，孩子心理是健康的，家长不必过分紧张。但孩子确实在生活中经常出现语言或行为不当，影响到父母和孩子的亲子关系，产生沟通障碍甚至严重影响到学习，那就需要考虑找心理教育专家进行疏导。

同时专家也指出，事实上现代儿童往往“聪明”得不全面。孩子综合素质虽然得到了提高，但往往在行为处事、操作能力等方面发展欠缺。作为家长要以身作则，不仅用健康的思想来教诲孩子，还要多与孩子交流沟通，引导孩子自觉抵御不健康的东西，尊重孩子发展越来越快的事实，用科学、发展的眼光和方法来看待和教育孩子的成长。

小练习

思考对于孩子的发展，你的态度是怎样的？

点睛

家长眼中的“早熟”，是把孩子和自己当年进行纵向比较，而事实上衡量发展的快慢还应该把孩子放在同龄人中间进行横向比较。随着时代变迁，儿童身心发展加快，但也存在发展不全面的隐忧。因此，既需要家长尊重孩子成长的变化，也需要家长做出适当指导。

怎样看待孩子的“早恋”？

爱的力量在于帮助别人的同时也提高自己。

——车尔尼雪夫斯基

小故事

小学4年级的女儿吞吞吐吐地告诉妈妈自己喜欢班里一位男同学，妈妈亲切地搂住女儿：“你长大了，妈妈为你高兴。真巧，妈妈也是在像你这么大时喜欢上同班一个男生的。当时妈妈十分理智地战胜了自我，读大学时选择了你的爸爸，你不觉得爸爸妈妈现在很幸福吗？”女儿既诧异又欣喜地对妈妈说：“我的好多同学都会为这种事挨家长骂，妈妈你真好，我懂了，你放心吧。”

心理分析

现在家长们都有一怕——怕孩子“早恋”。其实，对待早期异性关系，与其隔绝、回避，还不如直接面对，鼓励孩子学会怎样相处。

故事中的母亲就采用了高明的方法，既不是放弃，也没有伤害，用委婉的方式解开了孩子的心结。作为母亲，既没有给孩子施加压力，也没有自寻烦恼，这一方法很值得借鉴。

建议父母：一要认真关注、细心观察孩子的细微变化，不可掉以轻心；二要调整好心态，不要疑神疑鬼，草木皆兵，自己吓唬自己；三要在信任理解的基础上对孩子进行引导，切忌简单粗暴和高压强制，尤其不能在孩子面前诋毁他正在交往中的异性伙伴，那可就犯了孩子们的大忌。

在处理众多的“早恋”事件中，可以归结为一条，就是“既要热又要冷”。面对孩子青春期阶段生理上的变化和心理上的困惑，家长要表现出“热”——理解、关心、呵护，让孩子在成长的烦恼中感受到亲情的温暖；面对孩子青春期阶段与异性同学的交往，家长表面上要显现出“冷”——当听到老师反映“孩子给男（女）生写小条了”、“与某个异性同学来往过密”或者从抽屉里、日记中发现孩子有小秘密了，家长不用吃惊，也不必诧异，冷静地面对孩子的长大，在看似冷漠中与孩子进行艺术性、策略性地沟通，避免出现弹簧效应——越压越弹。

小练习

场景练习：如果你的儿子收到女生的情书，你会如何应对？

点睛

信任是处理孩子“早恋”的关键。相信你的孩子，大多数“早恋”是“短命”的，与其压制情感，不如鼓励孩子学会如何相处。

说谎背后的含义是什么？

孩子不诚实几乎总是恐惧的结果。

——罗素

小故事

类型一：掩饰逃避

因为一些小事儿害怕被批评所以说谎，包括弄丢东西、考试成绩不理想等。比如晨晨弄丢了新买的铅笔盒，因为担心回家妈妈又要批评自己丢三落四，所以跟妈妈说借给同学了。

类型二：虚荣取乐

因为渴望奖赏，把本来不是自己做的事情说成是自己做的，或者为了取乐，上演了像“狼来了”的故事一样。比如明明总说肚子疼，等妈妈把他带回家后又没什么大碍。

类型三：仗义承担

为了保护自己的朋友，承担他人造成的不良后果。典型的是，小朋友来家做客，不小心弄坏了家具，仗义的孩子就说是自己弄坏的，并承担后果和责任。

心理分析

以上3种说谎类型，虽然行为上都隐瞒或者编造了一些谎言，但是背后的动机和目的却是不一样的，需要家长区别处理。比如针对逃避掩饰型说谎，是因为孩子过分害怕惩罚才编造了谎言，所以家长有必要先从自身寻找原因，改变简单粗暴的教育方法，使孩子觉得家长不但可敬而且可亲，这样孩子自然会把真话说出来。针对虚荣取乐型说谎，父母也可以通过讲“狼来了”的故事形象深刻地教育孩子，让孩子懂得欺骗别人会自食其果，从而改正这样的行为。针对仗义承担型说谎，孩子的动机是值得肯定的，但同时也要引导孩子学会实事求是。

以上说谎行为，如果是一过性的，即孩子只有到了非说不可的情况才偶尔说谎，家长不必过于严厉和紧张。但如果存在习惯性说谎行为，就需要家长进一步采取措施了。

孩子天生不会说谎，而选择说谎往往隐藏着尚未被满足的需求。比如有些孩子经常说谎甚至拿了别人的东西却不承认，这种行为在大人眼里非常严重，但冷静下来仔细分析，孩子选择铤而走险的背后可能隐藏着渴望被关注、被重视的心理需要。如果孩子经常说谎，家长首先要做的就是倾听孩子的需要，了解孩子的想法。如果孩子的要求是合理的，那就应该通过正常的途径让孩子的需求得到满足，或者作为奖励满足他，都可以有效减少说谎的行为。

其实在父母的行为中，或多或少地都可以发现谎言的影子。比如你因疲惫想推掉一次邀请，但出于礼貌你告知对方自己最近身体不适。这样的事情非常自然，但被年幼的孩子看到就有可能模仿。因此父母要首先以身作则，为孩子树立榜样。

小练习

与孩子一起分享关于诚实的故事。

点睛

说谎看似只是外显行为的一部分，但背后隐藏着不同的动机，需要家长耐心倾听孩子的内心，并掌握好处理谎言的分寸。

孩子“虚伪”了？

环境影响人的成长，但它并不排斥意志的自由表现。

——车尔尼雪夫斯基

小故事

在小学中很多老师会反映现在的孩子“特会说话”，潜台词是说孩子开始学得像“小大人”一样，开始学会奉承和拍马屁。一次年轻老师穿了一件新衣服，刚下课，一个学生跑过来，拉着老师的衣角说：“老师您真好看，我最喜欢您了。”见一个同学如此直接地“表白”，很多学生也效仿着说：“老师您最漂亮了，我最喜欢上您的课了。”年轻老师心花怒放地回到办公室，把学生的话一学，有经验的班主任老师说：“这些孩子啊，对每个老师都说是最好看的。”虽然是老师的一句玩笑话，但还是反映出现在的孩子越来越会“看脸色”，这种拍马屁的行为过早地出现在孩子身上，老师和家长未免有些担忧，童言无忌、纯真善良的孩子去哪了？

心理分析

事实上，这种心智早熟普遍出现在当代孩子的身上，尤其在大城市中的孩子，成人化语言、成人化行为更是普遍。

从积极的角度看，孩子的成人化行为可以说是心智成熟的标志。

成熟的孩子不仅可以知道自己的内心活动，同时通过生活经验的积累也可以准确猜测他人的内心想法。观察细致，善解人意，具有这种品质的孩子在社会实践和社会交往中更容易获得赞赏，并且也拥有更多的机会培养语言表达能力，在一定程度上锻炼社交技能更利于孩子的社会化。

但不可否认，过度成人化也会带来一些隐忧。孩子的世界本应该是简单、单纯的。每个阶段都具有该阶段发展的意义。个体的发展是连续的，都要经历社会化的过程。社会化的过程也并非一次就能完成，它贯穿于人的一生。孩子的成人化使其社会化过程出现断层，本该从小学阶段得到的文化和快乐也大打折扣。孩子学习知识和技能是为其自身的发展服务，一旦染上了功利的色彩，则对孩子的社会化极为不利。

孩子的成人化行为其实很大程度上来自于父母无意间的强化。举个例子，每次买零食，孩子都拿着说："妈妈给你吃。"妈妈会开心地说："孩子真懂事，妈妈不吃。"几次下来，突然有一次妈妈吃了孩子递过来的事物，孩子立马抢了回来，妈妈又说："孩子长大了，知道护食了。"这样的行为可能在生活中经常发生，但却会让孩子感觉到言语和行为可以不一致，并让孩子觉得这样做是可以得到表扬的。日本做过一项调查，在中日韩学生的匿名问卷中，承认自己上课睡觉的概率，日本学生最高达57%，而中国学生仅7.8%，但通过观察，大多数中国学生并没有填写真实情况。在日本家庭中，孩子从小就被要求言行一致。在日本商界中，诚信更是基本的要求。这似乎引起了家长的深思，也许孩子的"虚伪"行为，在不经意间受教于家长本身。

当然，当今时代的孩子接触的信息繁杂，现在的环境与家长成长时的环境大不一样。不仅仅是家长，包括教师、传媒乃至整个社会，都应该为孩子营造出诚信的环境。

小练习

有意识地监控一下自身的行为，有没有在孩子面前表现出言行不一或者不经意间鼓励了孩子的“虚伪”心理的行为。

点睛

孩子的成人化行为，一方面是心智成熟的表现，另一方面也会造成儿童社会化发展的断层。同时，家长不经意间的“言行不一”行为被孩子模仿，或者孩子的成人化行为得到了家长的鼓励，再加之社会环境的变化，都会对当代孩子的社会化发展产生影响。

PART ELEVEN 第十一章

伴孩子探索中成长（青春期）

孩子不愿学习怎么办?

动力决定一切，为自己喜爱的兴趣去学习，才是最大的动力。

——《祝你幸福·最家长》

小故事

上高中不久，峰峰对学习就不认真了。平时考试总是不达标，自己也不在乎。妈妈为了鼓励峰峰，答应只要成绩进步就买礼物作为奖励。可是，峰峰的学习劲头只维持了几天，还没到考试就又“放弃”了。妈妈担心：这样下去怎么考大学？

心理分析

如果说小学生努力学习是为获得到外在的表扬和肯定，那么中学生对待学习更多的是出于内在兴趣和目标的实现。中学阶段，孩子的自我意识不断独立，外在的奖励已经不能满足日益成熟的孩子，他们开始思考：“我为什么要学习”，“学习对我有什么意义”。所以想让青春期孩子充满学习的动力，好排名、好学校都不能激发其内在动机，只有让孩子真正清楚自己的目标和兴趣，为了自己心中的目标而学习，孩子才会坚定目标、克服困难、不断自我鞭策。

有的父母发现中学阶段的孩子不听管教，就放弃工作专门在家“看”孩子，监督其学习，甚至强制要求上补习班等。父母总觉得，为了孩子自己牺牲了工作、付出了努力，孩子的成绩一定会提高。但事实上，对于青春期容易叛逆的孩子来讲，父母像对待小学生一样地督促和要求，非但不能纠正孩子的学习陋习、重燃学习热情，反而会让孩子倍感压力和束缚，情绪压抑、暴躁，更容易激化矛盾，成绩下降。

面对青春期学习失去动力的孩子，父母不妨问问孩子："你对人生有什么规划"，"你的理想、目标是什么"。同时，父母也应注意，不要在对比中抹杀孩子的努力。中学阶段学习任务不断加重，经过一轮轮筛选，同班孩子间的竞争也愈发激烈。因此，与其拿自己的孩子与别人相比，不如自己和自己对比。只要通过努力，今天比昨天有进步，今天比昨天又向着自己的目标靠近了一点，就值得肯定。家长应该给孩子树立乐观积极的学习氛围，从而帮助青春期的孩子找到学习乐趣。

小练习

你知道对于青春期孩子点燃其学习激情的关键在哪里吗？

点睛

对于自我意识不断成熟独立的孩子，外在的奖励已远远不能维持其长久的学习动机，只有内在真正的目标和兴趣，才能激发孩子的学习热情。

孩子爱攀比怎么办？

内心足够强大便不再需要物质的证明。

——佚名

小故事

每天放学，所有孩子都像出笼的小鸟一般涌向校门，说说笑笑地相互道别，一低头各自进了自家的小轿车。但唯独明明总是找各种理由，慢慢吞吞地拖到最后才从校门出来，而且好像是做贼一样偷偷摸摸地钻进父亲的车，并马上让父亲驱车开走。起初父亲没多想，但持续了很多天，父亲问明明："为什么每天放学都出来得那么晚？"明明低着头，搓着手，小声地跟父亲说："爸爸，同学家的车都是宝马、奔驰，咱家就一奥拓，同学们都笑话了，爸爸您今后就把车停在那边的巷子里吧。"

这样的事情比比皆是，除了比车，孩子之间还比穿的、用的，比谁大方有钱。家长不禁感叹：谁让自己的孩子如此物质化？

心理分析

青春期孩子在物质上表现出的攀比，原因有以下两种：

一个原因是幼儿时期父母的溺爱。作为独生子女，家长都希望把最好的给孩子，娇生惯养，不对孩子的错误行径"下猛药"，因而养成了孩子好逸恶劳、贪图享受的不良习惯。不懂得珍惜父母的劳动成果，不计代价、为满足自己的虚荣心，与同伴进行盲目攀比。

然而，另一个原因更值得家长关注，那就是攀比背后的心理诉求。幼儿时期，孩子看到喜欢的东西想占有，往往处于单纯的对物品的喜好，而且三分钟热度，即使得不到，过一两天也忘记了。但处于青春期的孩子不同，他们的攀比背后是自我认同感即自我价值感的不足，只有通过外界事物来弥补、支持这种心理的不满足。比如，看见周围同学都用苹果手机，如果自己没有，那就会觉得自己和大家不同。这种差异容易让孩子产生被排斥、被孤立的感觉。因此，为了满足强烈的归属感，能够与群体相容，孩子便表现出在物质上的攀比。再比如，有些孩子成绩不好，但在物质上要求买名牌，这是为了满足孩子渴望被关注、渴望受到尊重的心理需要。

青春期的孩子，由于自我发展不够完善，往往把注意力放在外在拥有的事物上，通过物质上超过同伴从而获得成就感和满足感，但这样的行为容易造成注意力的转移，影响学业，更加忽略自我价值和自我认同。这样的孩子往往表面自信，但内心存在自卑倾向。

所以，面对青春期孩子的攀比行为，父母要耐心，不能只从表面判断，只有倾听孩子内心真正的诉求，才能从根本上减少孩子的攀比行为。应该引导孩子树立正确的价值判断标准，教育孩子个人的价值并不取决于外在拥有的物质，而是内心的智慧与美德。教育孩子要想获得别人的真正尊重，必须努力提高自身修养、掌握本领。当把攀比的内容从外在物质转移到内在品质上时，孩子就能从根本上提高自我价值感，成为内心强大自信的青年。

小练习

想一想孩子攀比背后的真正原因？还有哪些途径可以满足被尊重、被认可的需要？

点睛

攀比产生的原因，除了家长的娇生惯养外，另一大原因是自我评价过低造成的。尤其在青春期，孩子特别需要得到关注、得到认可的时候，通过拥有比同伴更好的东西来满足自己的内心需要成为了重要的途径。因此，家长需要了解孩子真正的心理诉求，引导其通过内在品质的提高来得到真正的尊重和认可。

如何看待孩子的青春期恋情？

让爱情在彼岸等候。

——林艺

小故事

女孩上高三的时候，收到了一封情书，那个男孩活泼开朗，虽然学习成绩没有女孩好，但为人热情、敢于担当，也深受同学和老师的喜欢，在女孩心里也默默地对男孩有好感。但迫于紧张的学业压力，女孩根本没有时间思考“爱情”，可担心直接拒绝会伤害到男孩，万一因此影响学习，双方都会受伤害。于是，女孩回信说：“想要追求我就必须超越我，否则没门。”男孩看见纸条后，欣喜若狂，回信说：“超过你，你就是我老婆。”于是，在整个高三冲刺阶段，两个孩子一直互相较劲，男孩的进步极快，女孩也不甘示弱。一次考完试，男孩焦急地说：“老婆，你等等我吧。”女孩心中暗喜，回复到：“等你，在北大。”就这样，两个青春期懵懵懂懂的孩子，在相互的鼓励和竞争中，一起度过了艰苦的高考时光。相互之间的好感非但没有影响他们的学习，反而成为追求进步的动力。

心理分析

总结目前关于中学生恋爱话题的观点，大多数专家支持“疏而不堵”。青春期恋爱萌芽的合理性、正常性也已经被大多数父母所接受。但在现实生活中，如果父母对孩子谈恋爱一味纵容、置之不理，孩子的成绩确实容易退步。相反，如果极力反对、压制，叛逆的孩子也更易出现抵触情绪，影响身心健康。如何把握尺度、如何巧妙引导？这着实让家长犯了难。然而爱情本就十分微妙，没有任何一个专家学者可以给出处理青春期恋爱的标准答案。教育本身是科学和艺术的结合，对于恋爱，与其说理不如讲情，这也是父母教育最见“艺术性”的地方。故事中女孩的做法也许能给家长带来一些实用性的启发。

作为接受表白的一方，有义务维护对方的自尊。试想，若不是女孩的善良，一语拒绝，不仅浇灭了男孩的斗志，更伤害了男孩的自尊。青春期同伴间的相互认可是自我评价的主要来源，再加之青少年承受弹性有限，一旦受到挫折很容易破罐破摔，严重影响学习。因此作为接受表白的一方，需要通过委婉的语言，在保护对方自尊心的前提下，学会彼此尊重，这也是人际交往中最基本的原则。

作为表白一方，也有自我克制的责任。试想，若不是男孩的自制力和责任心，这段感情也不可能经历磨难最终在一起。这需要彼此的理性控制，更需要为对方打算的责任。这种替对方着想的仁义精神也是人际交往中必备的条件。

总之，与其想方设法地杜绝青春期恋爱，不如将其看做人际交往，特别是异性人际交往的锻炼机会。在过程中，学会尊重、责任、仁义等品质，将“好感”转化为彼此进步的动力。

小练习

如果您的孩子也遇到相似的困扰，把这个故事分享给他。让爱成为成长的助力。

点睛

教育是科学和艺术的结合，面对中学生恋爱，巧妙地把相互的好感转化为相互的激励，让爱成为成长的助力。

孩子迷恋偶像怎么办？

青春期的孩子，通过偶像寄托自己的成人理想，通过偶像帮助自己在迷茫的青春中找到方向。

——胡振开

小故事

很多父母不理解为什么孩子会喜欢“素不相识”的明星，甚至将他们奉为偶像，极为崇拜。最近晶晶就缠着妈妈要去参加某港台艺人的演唱会，但期中考试迫在眉睫，妈妈说：“等考完试再说吧。”晶晶着急地说：“妈，你不懂，等我考完试她们的演唱会就没了。”妈妈担心地说：“演唱会的人那么多，你一个十几岁的小姑娘自己去，我怎么放心呢？再者说，我们当年崇拜的都是陈景润、华罗庚、周恩来这样的科学家、伟人，跟现在电视上的明星简直不能同日而语。”晶晶见与妈妈解释不通，只能求助自己的好朋友。其实，这个港台明星在晶晶班中有很多忠实粉丝，班里很多家长都反映，现在学习任务如此之重，怎么有时间追星？歌友会、见面会人员众多，安全怎么保障？这些所谓明星能交给孩子什么品质，带坏了孩子怎么办？诸多的担心和疑问，让家长们无从应对。

心理分析

心理学认为，偶像崇拜是一种特殊的社会心理现象，它特指由于“光环效应”而形成夸大的社会印象和盲目的心理倾向，把个人喜好的人物看得完美无缺，从而导致高度认同、崇尚，并伴有情感依恋的一种复杂的心理行为。这种现象在青少年身上尤为明显。

青少年之所以对偶像产生崇拜，是因为他们处于特殊的“自我统一感”形成期。所谓自我统一感，就是通过尝试和探索，回答“我是谁”、“我在社会中应占什么样的地位”、“将来我准备成为什么样的人”等一系列关于“自我”的问题。青年人在这个过程中从迷茫到确认，不可缺少的就是“榜样”的指引。在童年时期，孩子的榜样集中于父母，对于父母的高度认同，让孩子从父母身上学会了基本的行为方式，但孩子毕竟不是父母的“翻版”，他们需要寻找“独特”的自己。因此，关注的对象逐渐外移，加上大众传媒的影响，“文体明星”这一光彩，又和孩子几乎同龄，偶像就成为孩子表达寄托、宣泄情感的主要对象。可以说，偶像崇拜是青少年从家庭迈向社会，不断成熟的表现之一。

然而，父母最不希望看见孩子因为迷恋偶像而影响学业。但不得不承认，一味地说教和批评只能激起孩子的叛逆，更容易把问题扩大化。家长不妨给孩子一定的时间，在完成功课后，作为奖励允许孩子追求自己喜欢的明星。并且，在闲暇之余和孩子聊一聊“偶像的哪些特点最让你喜欢”，在交流中了解孩子的想法。毕竟，没有多少人会喜欢偶像一辈子，家长不妨让偶像成为孩子的榜样，也成为你和孩子的共同话题。

小练习

你知道孩子的偶像是谁吗？如果有时间，不妨带着好奇也了解一下孩子心中的偶像，在晚饭时聊一聊，孩子会觉得你很“潮”，一下就拉近了亲子关系。

点睛

青春期的孩子在不断寻找榜样，以前是父母，但随着年龄的增长和个人的成熟，孩子有了自己倾向的目标，偶像在一定程度上就是孩子希望成为的样子。通过偶像崇拜，孩子不断明确自我概念。家长不妨和孩子一起探讨偶像的优点，不仅增加了共同话题，还促进了亲子关系。

为什么孩子不愿和父母“交心”？

拥有秘密是一个孩子成长为成熟个体、独立于父母的重要标志。

——《儿童的秘密》

小故事

上高中的小龙，在家的话越来越少，反而在电话里和朋友一聊就是几个小时。吃饭的时候，妈妈问小龙“最近学习怎么样”，“有没有喜欢的女生”，“可不能耽误学习”之类。话还没说完，小龙厌烦地扒拉了两口饭，把门一锁，一个人回房间了。妈妈很无奈，孩子到底在想什么？

心理分析

青春期最大的特点就是“矛盾”。成熟和幼稚并存，服从和叛逆并存，独立和依赖并存，开放与封闭并存。这是因为，身体上的巨大变化带给孩子一种前所未有的“成人感”，孩子希望得到足够的空间和尊重，但同时也因经验不足，在行为举止上尚显稚嫩，许多想法和决定欠缺理智。成熟感使孩子更加渴望独立，但幼稚的内心仍然依赖父母照顾。渴望被理解的需要使孩子对同龄人更加开放，愿意倾诉。但由于父母的约束和管教，孩子在家则选择自我封闭。总之，这种种矛盾，造成了青春期孩子跟父母话少、跟朋友话多的特点。

作为父母，首先应该问自己一个问题：“为什么想和孩子沟通？”许多父母不假思索地说：“当然是为了了解孩子的想法。”但在现实生活中，当孩子主动和我们交流他的想法时，我们会不由自主地进行干涉：“你这样不对，你应该……”孩子主动的交流非但没有换来理解和支持，反而得到反对和干涉，久而久之孩子就形成了这样的观念：“跟你说，你也不明白”，索性也懒得沟通了。因此，家长就要注意自己的沟通方式。不要忙于干涉，急于提出建议，而应以倾听为主。只有耐心倾听孩子的全部想法，才能真正理解孩子的初衷。当孩子发现自己可以从和父母的交流中得到安慰、理解和尊重，他们才愿意慢慢向父母打开心门。有些时候，倾听就是最好的交流。

其次，平等的沟通态度也是化解“寒冰”的利器。青春期孩子乐于与同龄人交流，一方面是容易得到共鸣，另一方面也是因为朋友式交流，是平等的，没有权威与服从，感觉也更加自由和轻松。因此，与青春期孩子交流，父母也应尽力保持平等，而不要把孩子当做小孩一味使用命令式的语言。有些时候，父母担心自己如果失去了权威孩子会更加难以管教，殊不知青春期就是典型的“吃软不吃硬”。以理服人的家长更能赢得孩子的尊重。孩子从内心佩服家长，才能真正树立起家长的威信。

最后，尊重隐私，给予空间。隐私和秘密是孩子成长的标志，父母应该谅解，并给予他们宽松和谐的成长空间。想象一下如果一个十几岁的大男孩什么小事儿都向您一一汇报，完全没有自己的主意，那孩子的独立、责任感、自信心又怎么培养呢？所以，允许孩子有自己的秘密，给他们自己的空间。相信你的信任、理解和宽容会营造出和谐的家庭气氛，慢慢地孩子也愿意敞开心扉。

小练习

当孩子跟你说班上的事情时，你该如何回应。

提示：倾听为主，少加评判。

点睛

青春期的孩子，一方面渴望交流，另一方面也排斥约束。因此，沟通的目的不是改变孩子的想法，而是了解他的想法。倾听是最好的沟通方式，平等的态度以及尊重隐私、给予空间的行为，最终可以打开孩子封闭的心。

如何告诉孩子青春期“那点儿事”？

青春期性教育是家长和学校的共同责任。

——刘钧珂

小故事

一位焦虑的母亲说，最近在家收拾房间，在儿子的抽屉里无意中发现了黄色书刊。母亲一时不知如何应对，将这几本书偷偷扔了。可没过多久，又发现孩子的电脑中竟也有成人电影，母亲觉得简直无耻，自己的儿子怎么能干这种事，于是一气之下全部删除。但平静下来的母亲，也不知道怎么向已经成人的儿子进行教育。心想，这些东西我扔了、删了，他若是想看还是能找到新的，这可如何是好呢？很多父母意识到是时候告诉子女基本的性知识了，但如何开口、怎么教育又让父母疑惑。大多数家长把子女性教育问题全部交给学校，但事实上，只靠学校的教育是远远不够的。

心理分析

性在我们的文化中是神秘而忌讳的，传统的家长难以向孩子启齿，开明的父母愿意讲，但又不能很好地解释明白，害怕尴尬的气氛，担心“尺度”问题等等。所以，在对子女进行性教育前，父母要先消除以上这些顾虑。

首先，以客观、接纳的态度对待。到了青春期，孩子对性敏感是十分正常的。比如看到有关两性内容的书或电视，孩子便会产生莫名的冲动和兴奋。有些孩子会困惑，甚至认为自己变坏了。这时候，父母客观地告诉孩子，这些都是性发育的必然结果，接纳的态度可以帮助孩子降低焦虑，并且孩子也可以从中感受到性萌芽是每个人成长的必经阶段，这些感受都是正常的，无需自责。

其次，不要过分担心尺度问题。多数家长都会担心："性教育会不会引起过早的性行为"，研究结果却表明，性教育可以有效降低性行为发生的时间，并且提高初次性行为时使用保护措施的概率。所以说，对于有足够接受能力的青春期孩子来讲，越是客观的介绍"做爱"、"避孕套"等名词，越能让孩子感受到性本身的客观性，从而减少神秘感，也减少问题的发生。

最后，针对青春期孩子，家长应进行以下内容的性教育：第一，基本的生理卫生。要让孩子了解自己的身体，了解男性和女性的性器官和功能。第二，性心理教育。要教给孩子与异性接触、交流的方法，大方开朗地与异性朋友交往。第三，性道德教育。要让孩子在自尊自爱的同时学会尊重他人，培养孩子有担当、具备责任感。

总之，无论男孩、女孩的家长都应主动向孩子介绍必要的性知识，并且尽量避免使用威胁恐吓的例子，而是使用轻松但又正式的语气和孩子讨论。在讨论结束后，还可以推荐几本正规的性心理书籍，让孩子知道性并不神秘。只有建立正确健康的性观念，才能从根本上防患于未然。

小练习

面对孩子的性疑问，你会怎么做？提示：

（1）不敷衍孩子。抓住机会，坦诚的进行性教育。

（2）如实回答。随着孩子的长大，任何谎言都会不攻自破，到那时孩子会认为关于性的问题都不能讲实话，甚至造成心理阴影，所以父母客观如实的回答才是正确的。

（3）准备相关书籍。如果自己也不甚了解，不妨推荐孩子看较为权威的书籍，从正规渠道了解必要知识。

点睛

（1）以客观接纳的态度对待。家长越客观接纳，孩子的焦虑尴尬越少。

（2）不用过分担心尺度问题。对于有完全理解力的青春期孩子，越直接的介绍越能降低性的神秘感。

（3）家庭性教育可以通过和孩子一起阅读相关书籍化解其神秘感。如果父母不完全了解，和孩子一起学习讨论也能从容化解问题。

如何防范青春期厌食症？

心灵美比形体美更可贵。

——柏拉图

小故事

16岁的倩倩身高160厘米，体重不足40公斤，外人眼里已经是骨瘦如柴，但倩倩自己觉得简直胖得要死。父母十分担心，每天盯着孩子吃了早饭再出家门，但是倩倩在去学校的路上就把吃的早饭全吐出来，中午也不吃饭，在她看来只要体重的一点点的变化就是天大的灾难。由于长期过度减肥，营养不良，倩倩出现脱发、面色青灰，甚至精神恍惚，最终不得不被父母送去医院。

心理分析

青春期厌食症的主要表现是对食物没有食欲，没有胃口开怀吃东西；想法和实际情况相差很远，即使已经很瘦了，还都是觉得自己很胖；伴有病态行为，包括进食后催吐、过度运动、服用泻药等。据统计，厌食症患者中有40%是15~19岁青春期女孩，而且一旦患病便极易复发，厌食症已经成为青春期孩子常见的心理疾病之一。

中学生由于缺乏营养学常识，常常盲目减肥，所以家长一定要注意观察，青少年最常见的减肥过程是一开始吵着要减肥，然后吃得少，经常感觉疲劳、体力下降，甚至有嗜睡现象，出现上述情况，父母需要及时干预，防止发展为习惯性厌食。

此外，青春期厌食症表面上看是缺乏食欲，但深层的心理原因主要是不合理的自我信念，包括对于外貌的过度关注、自我评价偏低，以及过分追求完美等。青春期本就是自我概念形成的关键阶段，而关于审美，外界的标准是孩子进行自我评价的重要信息。只要父母总是由衷地夸奖孩子，孩子也就慢慢树立起对自我的积极评价。尤其对于女孩，来自父母的肯定可以很大程度上增加自信。

当然，大众传媒信息也时刻影响着孩子的审美观。青春期孩子尤其对明星存在模仿崇拜，许多不需要减肥的女孩子积极加入到减肥大军的行列。加之不成熟的审美观也更易使其陷入过度减肥的陷阱。这一年龄阶段，孩子对信息缺乏分辨能力，很容易受商业宣传的影响，家长需要帮助孩子解读信息，树立正确的审美观。

小练习

留意孩子对自己外貌的评价。

点睛

厌食症是青春期孩子中常见的心理疾病，厌食症的孩子往往追求完美，自我评价偏低，对审美有扭曲的评价。因此，需要父母及时关注和调整，帮助自我概念尚不成熟的孩子树立正确的审美观，学会欣赏自我。

为什么我的孩子总是“浑浑噩噩”？

人生不是一种享乐，而是一桩十分沉重的工作。

——列夫·托尔斯泰

小故事

父母发现小华自从上高中以来成绩明显退步，每天放学后就躲在自己的房间里不出来，即使出来也不爱说话，经常失眠，情绪也非常不稳定。更让父母担心的是，孩子似乎对一切失去了兴趣，不管是学习还是活动，都说没意思。老师也反应小华在学校也愈发不合群，似乎对什么都无所谓，整天“浑浑噩噩”，不知道活着有什么意思。

心理分析

在家长看来，小华的举止很容易被当做“厌学”和“情绪不佳”来处理。但其实，小华的言行有可能是抑郁症的表现。统计显示，我国中学生自杀的比例逐年上升。虽然每个人或多或少都有抑郁情绪，但由于青春期孩子处于成长敏感期，更容易诱发抑郁情绪，如果长期得不到宣泄和治疗便容易导致抑郁症。

面对成长和高考的双重压力，很多高中生经常感到烦躁、郁闷、失去兴趣、少言寡语，其实这就是抑郁心理的表现。抑郁情绪非常普遍，但如果不加控制和引导，很可能对孩子造成性格的扭曲，甚至做出过激的行为。因此需要父母给予足够的重视和理解。

有些孩子因为长期看不到希望，成绩挫败而丧失信心，索性彻底放弃，摆出一副无所谓的样子。但其实这样的孩子看不到自己的长处和优势，需要家长的正确评价和分析。所谓“赏识教育有奇效”，正是如此，对于那些失去斗志的孩子，家长要善于发现其点滴进步，并通过鼓励帮助孩子走出全面否定自我的阴影，从而摆脱抑郁情绪。

有些孩子表现出“浑浑噩噩”、“无所谓”的态度，其实是一种自我防御的行为，也就是保护自己的自尊心。这样的孩子往往曾经非常努力，但是由于努力了也没有改善，因而决定放弃。这样一来，即使一事无成，也不能说是能力不足造成的。孩子只看到自己学业成绩，很大程度上是因为家长往往只关注孩子的成绩，对于他们心里想什么、爱什么一概不知。父母的这种只问成绩不问态度、只看结果不看过程的评价方式，不仅会迅速在自己和孩子中间形成一条根深蒂固的代沟，而且会让孩子对亲情产生冷漠和绝望，使其更加封闭自我，抑郁加重。

因此，面对“浑浑噩噩”、“什么都无所谓”、兴趣低落、寡言少语的孩子，父母要格外给予重视，只有发自真心的赏识和关爱，才能化解孩子内心的烦恼，才能帮助孩子摆脱抑郁情绪的束缚。

小练习

留意一下孩子最近的情绪。每天至少发现孩子的一个进步，并且告诉他。

点睛

关注青春期孩子的情绪，有时孩子退缩的行为是在保护自己脆弱的自尊。赏识教育有奇效，只有家长改变评价方式，重视态度和过程，善于发现孩子的长处和价值，才能帮助“浑浑噩噩”的少年重拾生活的兴趣，走出抑郁的阴影。

如何让孩子学会控制情绪?

能够控制情绪的人就能掌握自己的命运。

——佚名

小故事

外向的君君特别爱发脾气，摔东西、摔门、跟父母吵架，声音大得全楼都知道家里有个青春期的孩子。内向的姗姗“爆炸”时更让人揪心，外表平静但内心激烈，用小刀在自己的胳膊上刻字，几天不说一句话，这种近乎自残的发泄手段，更让父母担心。

心理分析

青春期孩子情绪的波动较大是普遍的。研究发现这不仅是心理发展的表现，也与生理发展有关。人类大脑前额叶，即俗话说的“大脑门”，是控制和管理情绪的重要脑区，而前额叶又是大脑抑制功能发展最慢的部位之一。正是由于这一脑区功能的不完善，青春期孩子才表现出情绪起伏大、难以控制的行为特点，这与神经系统的控制力较弱有关。

此外，除生理条件所限，在心理上青春期又是“自我意识”发展的第二个飞跃期，任何否定其价值、形象或者想法的评价都可能引发一场情绪“爆炸”。如此敏感的内心也加重了青春期孩子如暴风骤雨般的情绪特点。

面对孩子的“暴脾气”，父母首先应该理解孩子脾气的由来，其次也需要让孩子清楚，自己有责任控制自己的情绪。首先，要让孩子看到自己的坏情绪给自己和他人造成的危害。例如孩子一气之下打伤了同学，父母不应护着自己的孩子或者替孩子“摆平”，而应借此机会教育孩子为自己的情绪负责任。只有孩子承担了自己行为的结果，才能避免更大问题的出现。其次，提供孩子一些适当发泄情绪的方法，比如倾诉、运动、听音乐等，让自己平静下来等。这里有一点非常重要，控制情绪绝不是压抑情绪。父母要允许孩子把心中的不满以适当的方式表达出来，有时吵架也是一种直接有效的途径，甚至是一种高效的交流手段，尤其面对性格内向的孩子，把负性情绪发泄出来而不是压抑更有利于身心健康。最后，当父母教育子女时应记住，先安抚情绪，再表达爱意，最后提出建议。任何人在气头上都听不进一句忠告，更不用说本身尚不成熟的青春期孩子。因此，父母先帮助孩子纾解情绪，没准会发现，情绪没了，道理孩子自然就明白了。

小练习

和孩子一起讨论可以有哪些方法用来发泄不良情绪。

点睛

青春期孩子的情绪波动是生理和心理两方面原因造成的，控制情绪不等同于压抑情绪。当提建议时，应先安抚情绪，再表达爱意，最后提出建议。

孩子中性化，家长怎么办？

性别作为人类的第一类别，我们无法消灭它，只能接受并且正视它的影响。

——《男孩危机》

小故事

菲菲是个16岁的男孩，但从小身体瘦弱，说话声音轻，小时候常常被误认为是小女孩。以前父母从没在意，认为等菲菲长大自然就能“阳刚”起来。但到了青春期，父母才感觉到菲菲似乎比别的男生更加在意自己的衣着，行为举止也十分安静谨慎。父母不禁有些担心：“自己家的男子汉怎么就是没一点男子汉气概呢？”

心理分析

如果仔细观察，从“超女”中的李宇春到“好男儿”中的马天宇，青年人的偶像都在走“中性风”。于是很多女生反而装扮中性，言行粗犷泼辣，而很多男生说话细声细气，扭扭捏捏。似乎“中性化”已经成为青春期性别发展的主要趋势。

心理学家本姆提出的双性化理论，把性别倾向分为四种：男性化、女性化、双性化和中性化。其中“双性化”被认为是一种最为理想的性别模式，它集合了男性和女性的性别优点，双性化个体在各种条件下比性别典型者（男性化、女性化）做得更好，在心理健康、自尊、自我评价、受同伴欢迎、适应能力等方面都优于单性化者。然而与其一字之差的“中性化”也被称为“无性化”，即没有显著的男女性气质，是社会性别最不突出的一类群体。

很多人误读了本姆的理论。事实上，“双性化”绝不等同于“中性化”。心理专家提倡兼具两性气质优点，因为男女性格上优点是可以相融的，比如女生可以在性格上自信、果敢，男生可以情感细腻一点。但如果完全丢弃性别气质，造成性别错位，甚至“无性化”，那么则会出现女孩喜欢中性打扮，性格泼辣，失去了女性的温柔特质，进入社会后因为中性化而碰壁；而男孩遇事就哭鼻子、把心思花在打扮上，他们进入社会后也极易成为被人取笑的对象，最终都不利于孩子的成长。

正如前文中提到的，父亲在孩子性别社会化的过程中发挥着重要的作用。如果孩子对父母的行为认同感高，则会模仿父母。但如果父亲因为种种原因没能参与到儿童的成长中，那无论男孩还是女孩，势必只能模仿母亲的行为方式。而且，在我国现有的社会环境中，男孩承受着更大的性别化的压力。试想，女孩如果“假小子”一点，仍然可以被同伴接纳，但是男孩如果“娘娘腔”，则很容易遭到群体的排斥和嘲笑，进而引发一系列发展问题。

因此，父母应该纠正错误的“中性化”观念。父亲有必要参与到孩子的成长中，并有意识地分别培养男、女生的不同性格特点。比如让男生多参加体育活动和体力劳动，培养他们坚毅、勇敢的性格；让女生多学习女性礼仪，形成良好的气质修养。

小练习

反思一下您关于性别教育的观点。想一想在生活中，对待不同性别的孩子是否应该有不同的教养方式。

点睛

兼顾男女性别气质优点的“双性化”教育有利于孩子适应社会，但男女不分的“中性化”教育将最终导致“无性化”的混乱结果。